U0323394

Rum

STRONG SPIRITS

Rum

STRONG SPIRITS

朗姆酒

[英] 戴夫·布鲁姆 著

周小雪 译

华中科技大学出版社
http://www.hustp.com

有书至美
BOOK & BEAUTY

中国·武汉

图书在版编目（CIP）数据

朗姆酒 / (英) 戴夫·布鲁姆 (Dave Broom) 著；
周小雪译. -- 武汉：华中科技大学出版社, 2021.7
（浓情烈酒）
ISBN 978-7-5680-7075-1

I.①朗… Ⅱ.①戴… ②周… Ⅲ.①蒸馏酒 - 介绍
- 世界 Ⅳ.①TS262.3

中国版本图书馆CIP数据核字(2021)第107275号

Rum: The Manual by Dave Broom

Copyright© Octopus Publishing Group Ltd 2010

Text copyright© Dave Broom 2016

Dave Broom asserts the moral right to be identified as the author of

This work.

First published in Great Britain in 2016 under the title Rum: The Manual

by Mitchell Beazley, an imprint of Octopus Publishing Group

Ltd., Carmelite House. 50 Victoria Embankment, London EC4Y ODZ

Chinese Simplified Character translation Copyright © 2021 Huazhong

University of Science & Technology Press Co., Ltd.

All rights reserved.

简体中文版由Mitchell Beazley, an imprint of Octopus Publishing
Group Ltd., 授权华中科技大学出版社有限责任公司在中华人民共和国境内
（但不含香港特别行政区、澳门特别行政区和台湾地区）出版、发行。

湖北省版权局著作权合同登记图字：17-2020-258

朗姆酒
Langmu Jiu

[英] 戴夫·布鲁姆 著
周小雪 译

出版发行： 华中科技大学出版社（中国·武汉）
电话：(027) 81321913
北京有书至美文化传媒有限公司
电话：(010) 67326910-6023
出 版 人： 阮海洪

责任编辑： 莽 昱 韩东芳
责任监印： 徐 露 郑红红
内文排版： 北京博逸文化传播有限公司
封面设计： 张旭兴
制 作： 北京博逸文化传播有限公司
印 刷： 北京汇瑞嘉合文化发展有限公司
开 本： 720mm × 1020mm 1/16
印 张： 14
字 数： 110千字
版 次： 2021年7月第1版第1次印刷
定 价： 128.00元

目录

引言

从何时讲起呢？应该是万圣节时的游戏吧，蘸满糖浆的司康饼吊在厨房的滑轮上，我们要把双手绑在身后去吃它，黑乎乎、黏糊糊的糖液滴落在脸上和嘴唇上，这就是我第一次品尝糖蜜：甜中带苦，铁与血的味道。

喝到朗姆酒是后来的事了，在洛哈林的一家渔夫酒馆，喝了一种被我们自己命名为朗姆、男色和鞭条的混合酒。这酒可谈不上好喝，但是却让乘摩托艇回家之路别有趣味。之后就是我壮着胆子走进凯德汉店里，买了一瓶圭亚那产的陈年老酒然后喝得酩酊大醉。

记忆片段：在牙买加海滩酒吧喝牙买加朗姆酒，在法属留尼汪岛躲避该死的购物袋，粘在我脚上的糖蜜，粪坑的味道，旋转的砍刀。有一天我会给你讲这些故事，而你会以为我在胡言乱语。

所有这些故事背后是一个包含了欢笑、人，和热情的混合体，正是这些体现了朗姆酒如何成为一种文化的强劲之心。随着我的旅程继续，有关朗姆酒的享用与探索的复杂故事也在变得愈发迷人。没有哪种烈酒在道德上如此纠结。朗姆酒的故事如一滴糖浆那样甜美生动，也如一抹废糖蜜那样苦涩。这是一个装满了各种可能的潘趣酒大碗。

我的朗姆酒生活一直……很朗姆（朗姆酒的英文Rum也有奇特、古怪的意思）。

进入这个世界就像身处一场多米诺骨牌比赛，观点依次呈现，而不是一个争论不休、大吵大闹、瓦片在桌子上胡乱飞砸的地方。最终总是会以欢笑收场。这就是一款能让每个人微笑的烈酒。

我学到了什么？当别的烈酒还处于粗放阶段，朗姆酒就开始了质量管理。它是品质的标杆——而不是来自加勒比地区的劣质货。这一点从未改变。是时候赞美朗姆酒的品质并且纠正笼罩在它身上的误解了。它不仅是世界性的烈酒，也是世界级的烈酒，而且我们长久以来浑然不觉。

让我们赞颂朗姆酒的丰富与百变。

请把你的酒杯都斟满，来试试这只大酒碗的容量吧！

打破误区

朗姆酒如此千变万化，有些误区围绕四周也不足为奇。让我们来试着解析其中若干。

误区1：甜度

历史表明，朗姆酒从一开始就是加糖的，所以你可以说这是种传统。我认为问题是某些朗姆酒的甜度已经接近力娇酒的甜度。人们有可能会喜欢，但是通过加糖来提升兴奋度有个缺点，虽然更受欢迎，却丢失了酒的复杂性与独特性。朗姆酒的多样性本该大放光彩，加入糖却让它瞬间平庸了。

这种做法对那些不加糖或不被允许加糖的制酒商是不公平的。理想的情况下，加糖的量应该在酒标上注明，然后像卡莎萨（cachaça，巴西最受欢迎的酒精饮料）和干邑那样封盖。这一点上必须诚实而且透明。不过，考虑到给林林总总的朗姆酒正式分门别类的困难（见第9页），对于未加糖和色素的酒，或许直接将此在酒标上注明更简单些。

还有件事……如果想让你的朗姆酒有香草的味道，请用首次灌装的木桶。如果你想在朗姆酒中加香料，就请叫它香料朗姆酒（spiced rum），不要藏着掖着。

朗姆酒是世界上最适合社交的烈酒——把酒莫忘须尽欢。

误区2：有趣/无趣

　　一想到朗姆酒，人们就不禁嘴角微扬。亲和力让朗姆酒成为派对上的不二选择，不过别以为它仅限于此。一位朗姆酒博主曾经问我，若要让朗姆酒与单一麦芽威士忌等量齐观，是否需要隐藏它欢乐的形象。"不要！"我大叫道。时至今日，酒场新手在品尝单一麦芽苏格兰威士忌时还总感觉自己资历浅薄，其实醉心享乐还是"严肃"品鉴，并不是非此即彼。若要让朗姆酒开枝散叶，乐趣绝不能丢。毕竟朗姆酒广泛地用于基酒，不输任何一种烈酒，不要让条条框框束缚它。

误区3：酒龄

　　苏格兰威士忌为烈酒树立了一个标杆，窖藏12年以上才称得上佳酿。这就让朗姆酒的地位有些尴尬，因为热带气候让它很快可以出窖。如果渴望让在热带窖藏的朗姆酒达到苏格兰威士忌所标榜的酒龄，那么你很可能会得到一杯橡木桶汁。储藏时间越久，朗姆酒会越干涩，而不是越甜。

　　另外，别忘了索莱拉熟化（solera ageing，见第56页）是一项有效的技术，要知道它与静置熟化并不相同。由于混合了不同年份的酒液，很难给经过索莱拉熟化的朗姆酒一个准确的酒龄，只能给出一个大概的、平均的酒龄。

　　解决方案？别看数字，品酒就好。

误区4：酒标

目前并没一个放之四海而皆准的朗姆酒行业标准。如果有的话是否有益处？是的。那么以后会有吗？不太可能，因为不同产地国对朗姆酒各有规定，在此处合法在另一处则不然。让大家在规则上达成一致可谓痴人说梦。这意味着就在人们越来越关注朗姆酒的优良品质，想要了解瓶中之物更多信息的时候，酒标却令人摸不着头脑。没有清晰明了的标识，对烈酒来说有百害而无一利。

我们自己来做分类如何？并不是没有可能，意大利装瓶商维勒（Velier）的老板卢卡·加尔加诺提出了以下分类方法：

纯单一朗姆酒： 百分之百壶式（一壶）蒸馏朗姆酒

单一调和朗姆酒： 只混合了壶式蒸馏和传统柱式蒸馏的朗姆酒

朗姆酒： 传统柱式蒸馏朗姆酒

工业朗姆酒： 现代多柱式蒸馏朗姆酒

如果酒吧和零售商都各自使用这样的标识，我们至少迈出了第一步。

通常酒标是五颜六色的，内容必须要易于解读。

历史

　　事情是这样的。海岛被殖民，种植园主来了，他们种植甘蔗，买进黑奴，搞懂了如何处理糖蜜，然后就开始将朗姆酒装船销往各处，将作物带来的利润最大化。而更深层次的问题关乎身份认同：在朗姆酒的故事中，产地与产品的共生关系在不同时期有不同的体现。

甘蔗是一种草本植物。

糖：最甜蜜的魔咒

在人类还没有诞生前甘蔗就出现了。有一天，一根甘蔗杆上长出了两个凸起，它们越长越大，直到甘蔗杆裂开，第一对男女降临世间。按照太平洋岛民的说法，我们是从糖中诞生的。蜜糖在口，能品到我们的起源。它滋养身心，助我们成长，是我们的动力所在。

甘蔗早在公元前8000年就在新几内亚被驯化，在大约公元前1000年就到达了亚洲大陆。在印度，人们在大约公元前500年就做出了被称作Khanda（糖果的英文candy就源于此）的块状蔗糖。糖是天赐之物。印度爱神迦摩以甘蔗为弓，射出鲜花做的箭头，让他的牺牲品意乱神迷。还有人说释迦牟尼是印度传奇国王伊克什瓦图（Ikshvaku，Iksu就是甘蔗的意思）的祖先。

相传，对于中国僧人来说，糖既是饱腹的食物，又是提神醒脑的灵药，制糖中去除杂质的过程则被认为是对顿悟的隐喻。公元7世纪，唐太宗遣使去印度获取熬糖法。尝过糖之甘美的人无不为之沉醉。

印度——甘蔗酒的故乡

印度和中国都以发酵的方法制过"糖酒"，但在中国没有发现用糖蒸馏制酒的证据。而印度的历史文献中则提到过以糖为原料蒸馏的烈酒。当苏丹阿拉乌德丁·卡吉尔（Sultan Alauddin Khilji，约1296年—1316年）下令禁酒后，他的子民用手头现成的糖制成饮料，然后再将其蒸馏。

在此之前，一本古代印度论述安邦治国策略的著作《政事论》卷二第二十五章中就列出了"司酒官"的一系列职责，在被许可的饮品列表中有一种名叫amlasidhu，这就是一种用糖蜜蒸馏而得的烈酒。尽管原著写成于公元前375年—公元前250年，但这处内容应为后期的增补，不过时间也不会晚于公元300年。无论如何，甘蔗烈酒显然源自印度。

波斯

此时，甘蔗开始向西传播。公元前327年，亚历山大大帝麾下的尼阿库斯（Nearchus）将军首次提到了它，他写道：

克里斯托弗·哥伦布（Christopher Columbus）的姻亲家族从事甘蔗贸易。

"印度的一种芦苇不需要蜜蜂的帮助就能产出蜜来，能酿出醉人的美酒。"这可能就是指甘蔗酒。

大规模的甘蔗种植从公元6世纪才开始，当时大流士皇帝入侵印度，这种植物被带到波斯。虽然糖在波斯被大量用于蛋糕和甜点，还是一种药物，但没有历史证据表明有人将它蒸馏。

公元7世纪，伊斯兰文明横扫北非，进入西西里岛和西班牙，甘蔗也随之抵达。埃及是主要的甘蔗种植中心，而西班牙最终也拥有5000英亩的甘蔗地。

甘蔗与加勒比地区：初期

糖的魔力之歌如此迷人而强劲。它追随文明，助力帝国的兴起。它令人陶醉，让人上瘾，而且价格不菲。因此控制它的生产变得愈发重要。

葡萄牙人的影响

1425年，葡萄牙航海家亨利王子将甘蔗带到了马德拉岛，接着又带到佛得角群岛，与此同时，西班牙人也满怀扩张主义的情绪，在加那利群岛种植甘蔗。1493年，哥伦布（他妻子的家族是从事糖业贸易的商人）在第二次航行到加勒比地区时，把加那利岛的甘蔗带了过去。1552年，总督托梅·德·索萨（Tomé de Souza）在报告中提到奴隶们在喝一种叫 *cachaço*（就是今天的卡莎萨）的酒：这是首个在新大陆制造甘蔗酒的记录。

每个种植园都有自己的蒸馏器，在接下来的40年里，糖和酒传遍巴西各地。到了1640年，它已经到达"Guianas"（就是现在的圭亚那），在那里荷兰人开始种植甘蔗。

他们不是第一个发现这片区域颇具潜力的人。在1595年和1617年，沃特·罗利爵士（Sir Water Raleigh）航行到"广大而美丽的圭亚那帝国"，汇报说"这里土壤肥沃，而且河道遍布，利于运输糖、生姜，以及西印度群岛所产的其他商品"。

糖的殖民时代开启了。

英国人的影响：迷人的群岛

1627年2月20日，80名殖民者和10名奴隶踏上巴巴多斯岛空旷的海滩。在种植最初的农作物失败后，他们开始尝

典型的17世纪糖厂。

试种植甘蔗，这些甘蔗可能是由在巴西的荷兰种植园主提供的，他们还提供蒸馏器，可能还教授了蒸馏技术。

20年来，有75000名种植园主、仆人和奴隶在巴巴多斯安营扎寨，到了17世纪末，这里已经成为英国最富有的海外殖民地。对于理查德·利根（Richard Ligon）这样的造访者来说，这里的一切都令人着迷，他详细记录了自己在1647年到1650年间在威廉·希利亚德种植园生活的点点滴滴。他醉心于岛上绚丽的风光，惊讶于它的富饶丰美，但他也意识到这番伟业的心脏已经腐烂，一只蠕虫正在啃食它。

英国人打算利用甘蔗来建立一个基于贸易和剥削的新帝国。到17世纪末，英国的糖业种植比任何农业经营都先进。要扩大生产，种植园主就需要工人。有很多是爱尔兰和苏格兰囚犯，还有被强行征召的劳工（"巴巴多斯式抢人"）。岛上就像英国社会的缩影，有拥有土地的上层士绅，他们建造像圣尼古拉斯修道院和德拉克斯会堂这样的高大建筑；有工人阶级；之后自然有了下层的奴隶。

人们饮用朗姆酒，但是，利根只把它列在巴巴多斯最受欢迎的十种饮品中的第七位，它仍然是一种辅助药剂，是缓解疲劳酸痛的药酒。

人们狂热地想从糖业中赚得最大财富，于是很快就在巴巴多斯发展甘蔗的单一种植，其他都依赖进口，就连燃料都

海盗迷雾

海盗在朗姆酒的故事中的地位被过分夸大了。海盗是社会上被排挤的人，失去国籍的流浪者，被雇佣的枪手，他们在自己政府的许可下骚扰西班牙人，协助捉襟见肘的英国海军。正如伊恩·威廉姆斯（Ian Williams）在《朗姆酒：社会与社交历史》一书中写道：干邑显然是海盗们最喜爱的烈酒。随着朗姆酒的改良，本该出现各种各样的潘趣酒，可是大家都喝朗姆潘趣酒——并不只有海盗才喝。这种朗姆酒与海盗的联系是通过1883年罗伯特·路易斯·史蒂文森的小说《金银岛》才得以如此深入人心。

被大肆剥削的殖民地很快遍及加勒比地区。

从位于美国和加拿大的殖民地运来。拿什么付账？糖蜜和朗姆酒。

当时的大英帝国是以英殖民地生产的商品运回母国为基础，然后再出售或重新包装。所有的利润都集中在英国本土。对于殖民地来说，他们只能与英国进行贸易。

糖和朗姆酒成了推动帝国运转的燃料。种植园主开始从巴巴多斯已经贫瘠的土地转移到圣基茨岛、尼维斯岛、蒙特塞拉特岛、安提瓜岛和圭亚那，从1655年开始，又来到了后来成为头号糖业殖民地的富饶岛屿：牙买加。大庄园主统治的时代到来了。

朗姆酒对殖民经济的重要性日益增加。正如牙买加总督达尔比·托马斯爵士（Sir Dalby Thomas）在1690年所写的那样："我们必须考虑糖蜜中的酒精……如果把它们都制成烈酒，每年总计能有超过50万英镑的收入，而价格仅是同等数量白兰地的一半。"

在巴巴多斯成为殖民地后不久，格拉斯哥就与之建立了联系，人们常常忘记，正是这一点推动了这座城市（乃至苏格兰）对朗姆酒的喜爱。1667年，韦斯特糖厂（Wester Sugar House）在坎德勒瑞格斯（Candleriggs）开始运营，很快酿酒厂也兴建起来，之后还将如雨后春笋般建起新厂，包括伊斯特糖厂（Easter Sugar House）。进口朗姆酒当然可以买到，但是人们也开始购买本地蒸馏出的烈酒。到了18世纪初，糖厂的生产已经主要集中在蒸馏制酒，而不是提炼糖精上了。在布里斯托尔、伦敦和利物浦，都是如此。

朗姆酒，从历史中走来

18世纪见证了大英帝国成为一个富有的国家，这要部分归功于加勒比地区。而英国也成了一个喝朗姆酒的国家。在1697年，仅有100升朗姆酒运抵英国。到了17世纪的最后25年，它在烈酒的消费量中占到了四成。

布里斯托尔是第一个主要交易朗姆酒的港口，最初与巴巴多斯进行贸易。整个18世纪，该市近60%的贸易来自加勒比地区，并在18世纪80年代达到顶峰，之后由于人们不愿疏通狭窄的埃文峡谷河道，导致船只无法到达港口。而在此前它的地位仅次于伦敦。

中产阶级舶来品的兴起

18世纪是"摩登"社会开始发展的时代，舶来品炙手可热。在烈酒上，新兴的中产阶级有三个选择：法国白兰地、荷兰杜松子酒或是西印度群岛朗姆酒。

法国白兰地承受着高额进口税以及全面禁令。伦敦平民窟泛滥的廉价金酒玷污了杜松子酒的名声。朗姆酒却独善其身，与负面形象绝缘。正如弗雷德里克·史密斯（Frederick Smith）在《加勒比朗姆酒》一书中写道："法国葡萄酒和白兰地制造商的策略……是把朗姆酒形容为奴隶喝的酒，英国在加勒比地区的利益集团则试图将朗姆酒包装成一种新贵阶层的异国饮品来打开市场。"

朗姆酒与金酒迥然不同：海外舶来、陈年酿制、价格昂贵，而且是这个国家最富有的大亨制造的。所有40个主要的种植园家族都有一名家族成员在议会中，形成了一个强大的游说集团。1720年—1760年的"金酒热"正中他们的下怀。1733年，一位宣传册作者写道："我相信，全人类都会承认，要想蒸馏出比朗姆酒更有益健康的烈酒是不太可能了。"到了18世纪中叶，加勒比地区陈年朗姆酒，比如美国梅德福德朗姆酒，比廉价的酒类还要畅销。

19世纪50年代的粮食歉收也让朗姆酒大受裨益。威廉·贝克福德（William Beckford）的家族是牙买加实力最雄厚的种植园主，他自己也是国会议员兼伦敦市长。他和他的糖业游说集团同僚们成功地促成了一项法案通过，该法案禁止蒸馏谷物。人们转而购买朗姆酒，消费量大幅提升，尤其在爱尔兰，1766年到1774年间，爱尔兰的朗姆酒消费量超过了英格兰和威尔士。

尽管英国大多数的朗姆酒都来自牙买加（巴巴多斯仍主要与美国殖民地贸易），但从18世纪40年代开始，来自其他产糖殖民地的更多品种的朗姆酒也开始陆续流入。1774年，英属圭亚那（又名Demerara）只有7个种植园。到了1769年，

朗姆酒与海军

英国海军对于朗姆酒的发展远比海盗影响重大。在海上，饮用水会变得黏乎乎，啤酒也会变酸。在西印度群岛，喝些不掺水的朗姆酒成了水兵们日常生活的一部分，但也导致了纪律涣散。

1739年，海军中将爱德华·弗农（Vice-Admiral Edward Vernon）执掌西印度群岛驻地海军。8月21日，他下令"原先每日一次半品脱的配给……改为每天半品脱朗姆酒混合一夸脱水……每日供应两次"。他还

建议在配给中加入酸橙汁（对抗败血症）和糖，"以便让船员感觉更可口"。大吉利是不是应该叫弗农酒？

正是海军需求的与日俱增，促进了朗姆酒产业的早期发展。所有采购都由伦敦的海军军部交与首选供应商ED & F Man公司经办，该公司或直接从产地购买，或通过代理商购买。这些朗姆酒被运往位于德普特福德的皇家维多利亚庭院，这里有一套类似索莱拉系统（见56页）的设备。

从最初供应产自牙买加、巴巴多斯的朗姆酒，到了19世纪，则以圭亚那产的黑朗姆酒为主，还有一些特立尼达和巴巴多斯产的淡朗姆酒。这继而让英国酒商推出"黑朗姆酒"和"海军朗姆酒"这样的品类。

到了20世纪70年代，人们感到每日啜饮朗姆酒对于现代海军来说太过不合时宜，在1970年7月31日星期五，230年的传统终告完结。

"作坊里终日劳作的奴隶"

权贵们的豪宅和大英帝国的繁荣，都建立在黑奴劳作不休的双肩之上。从1627年到1775年，将近1500万非洲黑奴被贩运到英属西印度群岛，其中的五分之四都留在了那里。仅牙买加一地就接收了18世纪上半叶一半的黑奴。

黑奴是以物物交换的方式购买而来的——不光用朗姆酒，还有其他英国产的货物：亚麻、餐具、枪支和棉花。利物浦、布里斯托尔、伦敦和格拉斯哥这些港口城市交易朗姆酒的同时也交易黑奴，它们的繁荣与奴隶贸易密不可分，像曼彻斯特这样的制造业城市也是如此。美国很多朗姆酒业都致力于酿造劲儿大的"几内亚朗姆酒"，以供交易之用。黑奴创造了利润，他们也是朗姆酒的生产者。

产糖殖民地对于英国经济举足轻重。到18世纪末，牙买加甘蔗种植园的年收入为1500万英镑，是其他殖民地的5倍，牙买加白人的平均收入是他们在英国的同胞的20至30倍。

好景不长。下一代糖业大亨对他们的产业采取了放任自流的模式。种植园交由代理人打理，开始走向衰落。

问题也出于文化层面。糖业大亨们是英国公民，而不是加勒比地区妄图一夜暴富的投机分子。正如马修·帕克（Matthew Parker）在他精彩的著作《糖业大亨》中写道："西印度群岛不具备任何一项维系和滋养着北方殖民地的东西：稳定且不断增长的人口、家庭、长寿，甚至宗教。他们有的只是金钱、酒精、性和死亡。"

对殖民地的剥削已经开始难以为继。

北美殖民地的朗姆酒

朗姆酒是北美产的第一款烈酒。自打巴巴多斯开始进口糖蜜的那天起，人们就开始蒸馏糖蜜制酒了，最早是在1640年，在纽约的斯塔顿岛，3年后在波士顿开始。到了1750年，波士顿和罗德岛共有25家酿酒厂，纽约有20家，费城有17家。

蒸馏制酒的背后是巨大的利益驱动。进口白兰地价格昂贵，而谷物要用于制作面包。购买一加仑糖蜜的成本只要1先令，一加仑朗姆酒的售价却有6先令。

朗姆酒作为货币，促进了皮毛贸易，还助力了对北美原住民的征服，防止他们与法国人结盟。人们饮用大量的朗姆酒用来振作精神，提神醒脑，以及在社交场合推杯换盏（见左侧文本框）。韦恩·柯蒂斯（Wayne Curtis）在《一瓶朗姆酒：十杯鸡尾酒中的新大陆历史》一书中写道，如果说伦敦有金酒热，那么当时北美对朗姆酒的狂热程度也与之相去不远。

美洲早期朗姆酒

在殖民时代，人们每天、24小时都在喝朗姆酒：在家里，在酒馆，还有各式各样（大多很简单）的场合。Bombo是一种用朗姆酒、糖、水和肉豆蔻调制的饮品，口味清淡凉爽；如果劲儿再大些，就是Mimbo。Calibogus是用等量的啤酒和朗姆酒混合；Bounce是樱桃味的朗姆酒；Manthan是将朗姆酒和啤酒按1:4混合再加糖；Stonewall则是混合了等量的朗姆酒和（烈性）苹果酒。

这些早期饮品中最棒的要数菲丽普酒。一个大杯里盛上三分之二的麦芽酒，然后加入糖、糖蜜或者南瓜干，再加入一及耳朗姆酒。最后再用一根烧红的拨火棍搅拌，让它产生气泡。

菲丽普最夸张的变身叫Bellowstop，是马萨诸塞州坎顿市一家酒馆老板的绝活，他将4个鸡蛋打入568毫升奶油，再加入454克的糖拌匀。把麦芽酒倒入菲丽普大杯，加入4勺刚混合好的蛋奶液，然后加朗姆酒，最后用拨火棍搅拌。

朗姆酒被用以物物交换——并征服原住民。

"无代表，不纳税！"

生产的增加意味着对糖蜜需求量的增长。北美殖民地本打算与英属加勒比地区进行贸易，但在1713年，由于法国禁止进口朗姆酒和糖蜜，致使后者的供应过剩，价格下跌。以马萨诸塞州梅德福德的几家酒厂为首，北美酒商借此契机实现了利润的飞跃。为了应对这一变化，英国在1733年出台了《糖蜜法案》，对原材料征收重税，重创朗姆酒业。

朗姆酒卷入了一场一触即发的政治风暴。与糖业大亨不同，北美殖民地的居民在英国议会没有代表——他们感到自己遭到了不公的对待，于是无视该法案。走私活动大行其道。1735年，英国政府只收上来2英镑的关税。

1763年出台的《食糖法案》让事态雪上加霜。关税降低了，糖业大亨希望尽快恢复贸易，英国也需要现金来支付七年战争的开销。北美殖民地的居民目睹了英国海军与国内当局如此蛮横地推行这项法案，这很可能会摧毁北美的朗姆酒产业——当时143家酒厂的年产量已经达到18,169,977升。

朗姆酒成了抗议的焦点。喝朗姆酒，就是对宗主国的反抗，在酒馆喝朗姆酒，你会遇到志同道合朋友。人们在觥筹交错间丈量着"自由之碗"的深浅。

由朗姆酒引起的心理上的转变也在发生。到了18世纪70年代，英国成了"另一边"，而北美成了家园。与西印度群岛不同，北美的殖民地居民们对这里有一份归属感。朗姆酒让慷慨激昂的声讨更具煽动性。课税成为触发独立战争的导火索之一，当英国不得不在产糖殖民地和北美殖民地之间

潘趣酒

不论你身在18世纪的何处，最常见的朗姆酒一定是最具民主精神、热情好客、充满喜庆的饮品：潘趣酒。在咖啡馆、绅士俱乐部、乡村别墅和酒馆都能见到它的身影，不论是文人墨客、富豪大亨、政要人物还是普罗大众——只要买得起就任君品尝。然而到了18世纪末，改变也悄然而至。18世纪60年代，詹姆斯·阿什利（James Ashley）在位于伦敦的潘趣酒馆里开始销售一人份的潘趣酒——一种向鸡尾酒演变的饮品。有关潘趣酒的更多信息，请见第188—第191页。

做出选择时，它选择保留前者。

这是朗姆酒在新大陆的高光时刻。不久之后，美国第一任财政部长亚历山大·汉密尔顿（Alexander Hamilton）在1790年宣布对糖蜜以及英属加勒比地区的进口商品征税（谁说美国人不爱讽刺？）。朗姆酒立即成了旧体制的饮品。一个崭新的国家需要一种崭新的酒，以本土的作物为原料，由自己的人民酿制。

威士忌的时代到来了。

历史上的生产

一份朗姆酒早期的详细生产记录表明，这种酒绝不是在处理制糖副产品时的突发奇想，这种追求品质的精心选择，比大多数烈酒都要早。朗姆酒不仅早就步入烈酒的象牙塔，而且已经成为典范。

理查德·利根（Richard Ligon）书中的一幅插图描绘了17世纪巴巴多斯一家酿酒厂内的房间，里面有两个蒸馏釜和一个可能用作发酵槽的水箱。在马提尼克岛，设备就简单多了，如果看到杜特（du Tertre）画中的一个带有出水管和虫管冷凝器的"酸酒"小罐子，就八九不离十了。朗姆酒成长迅速，从奴隶的粗糙饮品，到种植园主喝的潘趣酒，再到大受欢迎的出口货，单是销售额就足以支持种植园的运作。

18世纪的朗姆酒：从废渣到专业化生产

1707年，植物学家汉斯·斯隆（Hans Sloane）在《群岛游记》中写道：朗姆酒来自"无法用来制糖的甘蔗汁……或者是收获时节铜锅里的浮渣，或者是在蓄水池中发酵了14天的水和糖蜜"。换句话说，早期的朗姆酒是用熬糖锅里漂浮的废沫渣蒸馏而制成的。后来发酵物中也会加入糖蜜，但是浮渣一直都在使用，而且在早期大量使用。制糖产业停止了，才有更多的糖蜜用于酿酒。

这个混合液中还有一种原料，最早出现在1707年一位"心灵手巧的匠人"对伦敦酿酒师威廉·伊沃斯（William Y-Worth）的叙述中："……在巴巴多斯……他们将糖蜜、粗糖、甘蔗杆和之前蒸馏后留下的残渣一起发酵……"这是第一次提到甘蔗渣（见第24页）。

18世纪充斥着各种宣传册，向种植园主阐释品质保证对于酒厂来说至关重要，这一点与他们对制糖的品质要求是一样的。第二代种植园主追求财富，这就意味着他们要对眼下所发生的事以及未来的形势做出审慎的判断，用一个18世纪伟大的词来说，就是"改良"。

安提瓜岛的种植园主塞缪尔·马丁（Samuel Martin）将他的绿堡庄园变为了一个类似大学的甘蔗学院，1754年，他写了一篇重要的文章。马丁的《论种植园业》一文既汇总了先进的实践方法，又提出了锦囊妙策。他方法中的关键是清洁度，另外，将经过冷却、过滤后的甘蔗渣当作"酵母菌或酵母泡沫"来发酵，在发酵过程中要控制温度，蒸馏时需慢慢冷却。他的大部分研究都来自巴巴多斯的种植园主，"产糖群岛中最棒的酿酒者"，他们生产一种经过二次蒸馏的"清爽烈酒"，比牙买加（可能是经过三次蒸馏的）产的高度烈酒"好喝而且健康"，而这种牙买加产的酒"在伦敦却更加有利可图，因为其度数高，买家可以大量掺水"。

那时候，人们对我们现在所说的"风土"也有了概念。理查德·朗（Richard Long）在他1774年的《牙买加史》一书中记录了牙买加北部海岸的肥沃土壤出产一种糖浆，这种糖浆"非常黏稠，在熬糖的时候无法溶化，但是这些庄园的朗姆酒产量却十分惊人。与此相反，南部地区的朗姆酒产量则较少，而食糖的产量很大……"专业化生产开始了。

1794年，布莱恩·爱德华兹（Bryan Edwards）写到过牙买加制造朗姆酒的一种"改良"方法，将甘蔗渣的用量提高到50%。如果不用甘蔗渣，酿酒师就必须加入"最高浓度的盐酸混合溶液刺激物"，这会冒着过度发酵的风险。他和马丁对于甘蔗渣作用的了解，比詹姆斯·克劳博士（Dr. James Crow）将酸麦芽浆用于酿制波旁威士忌早了30年。

摆脱臭味

人们与朗姆酒气味的斗争很早就开始了。对于1707年的汉斯·斯隆（Hans Sloane）来说，那是一种"让人难以忍受的焦臭味"，伊沃斯（Y-Worth）形容朗姆酒总是"带着一股刺鼻的气味"。解决方法是再次蒸馏，或者按斯隆的说法，"加入迷迭香"。

对付臭味、刺鼻味、焦臭味，是18世纪—19世纪朗姆

安提瓜岛种植园主塞缪尔·马丁所描绘的安提瓜岛朗姆酒庄园。

酒酿造者面临的最大问题。对于伊沃斯来说，刺鼻的味道是由于"操作者在酿造的初始阶段总是用之前蒸馏或发酵液的残留物……而不是用溶液"——也就是说，臭味来自甘蔗渣。但是由于当时甘蔗渣是主要的发酵原料，所以问题在于如何控制它的影响。

对臭味的驯化导致了"淡朗姆酒"这一概念的产生，在库珀（Cooper）看来，这种朗姆酒会更适合"用于制作潘趣酒，因为口感非常清爽。在这个状态下，它已经相当接近亚力酒了"。现在对于朗姆酒的品类已经有了很明显的划分。

18世纪末，一些蒸馏工艺顾问来到西印度群岛，意在进一步改进朗姆酒。其中一位是伦敦科学家布莱恩·希金斯（Bryan Higgins），他自1797年开始在牙买加西南部工作了3年。他的调查分析聚焦在消除蒸馏初期产生的"酸乙醚"。他建议在第一次蒸馏时只取中段溶液，或者就停止使用那些"已经发烂的腐败又油腻的副产品（即指甘蔗渣和浮沫）"，因为那些就是问题所在。他认为，糖蜜是最佳选择——这倒与将近一个世纪前的伊沃斯英雄所见略同。

英国蒸馏方法

安布罗斯·库珀在1757年曾写道，英国的糖蜜酒需要在发酵过程中加入"富含酒石（酒桶壁上形成的一种赤褐色物质）的新鲜葡萄酒"，以此来增加酒的酸度。这至少比伊沃斯50年前的方案好多了。他主张在启动发酵时加入"一锅浓浓的芥末，一棵辣根，一头新鲜的洋葱和一个鸡蛋精华（蛋白）"。

对于库珀来说，加入硝酸钾（又名亚硝酸乙酯）可以让酒味更浓，而且经过处理的烈酒就可以"通过法国白兰地的评审标准"。它被广泛地掺加到朗姆酒、亚力酒和白兰地中。甘蔗酒"萃取自发酵液、浮沫、废渣还有炼糖厂产生的废料"，经过二次蒸馏，也主要用于掺入其他饮品。

希金斯的结论并没有被采纳——至少在牙买加没有。在他的报告发表2年后，纽约的商人还在拔掉牙买加朗姆酒的木桶塞子，试图清除它的臭味。

消除臭味的努力一直在继续。这就是19世纪成功创造的"淡"朗姆酒，它彻底改变了朗姆酒的面貌与气味。

19世纪：寻找圣杯

在19世纪，随着酿酒技术的发展，消费者口味的转变，以及厂家渴望保留或树立自己独有的风味，朗姆酒的生产分成了几大阵营。

最初的改变还是不可避免地与糖脱不了干系。由于制糖业不景气，种植园主必须在继续制糖还是转产朗姆酒之间做出抉择。当牙买加还在坚持以大量甘蔗渣为原料来酿酒的时候，加勒比其他地区已经采纳了顾问的意见，摒弃了这种做法。现在，酿酒厂的运营开始从制糖厂独立出来，因此也就没有以浮渣作为原料。随着后来不同蒸馏器的引进，这种差异也越来越大。

在此之前，大家都采用壶式蒸馏。而在欧洲，一股提高蒸馏效率的风潮正在兴起。分批蒸馏十分耗费时间。一个连续式生产系统才是人们追求的，只要发酵的液体进入蒸馏器的一端，烈酒就从另一端流出。欧洲的工程师们各显身手，拿出了多种方案，而他们大部分的设计都被运往加勒比地区。

1801年，爱德华·亚当（Edouard Adam）在蒸馏釜和冷凝器之间放置了两三个小型蒸馏甑：壶式反应罐系统的雏形。这种方法在19世纪一直被不断改进，到现在壶式蒸馏生产朗姆酒也是最常见的制作方法。

整个加勒比地区都在采用柯蒂的简化蒸馏器专利（1818年），其中在多巴哥和英属圭亚那（圭亚那也进口了科菲蒸馏器和壶式反应罐系统）应用最为广泛。蒸馏器颈部的冷水盘增加了回流，也增加了酒精浓度，这让出品的朗姆酒"不再有那种独特的气味，而且酒精浓度仍能达到30%—35%"。换句话说，臭味消失了。

塞里耶·布卢门撒尔（Cellier Blumenthal）将蒸馏器与一根用铜盘分出隔室的圆柱连接（1813年获得专利），这一方法一举解决了连续蒸馏的难题。1818年，巴黎药剂师路易斯-查尔斯·德洛斯（Louis-Charles Derosne）采用了这种方

熟化

斯隆说，朗姆酒可以"放到地下的坛子中"，去除腐败。对于库珀，朗姆酒"必须放置相当长的时间，口感才能变得柔和"。换句话说，熟化是为了提升品质，朗姆酒这一次又走在了威士忌的前面。

显而易见，在货船上的酒桶中放置了几个月的朗姆酒，味道变化了，更加柔和甘美。慢慢地，这种柔化成了很普遍的做法，"老"朗姆酒在英国市场更受欢迎。19世纪末，伦敦市面有10年的陈酿朗姆酒在出售。

对于希金斯，熟化是"非常可取的，不论是新式蒸馏器制出的，还是用老方法新生产出的朗姆酒"。换句话说，陈年的壶式蒸馏朗姆酒是最好的。

爱德华·亚当1801年的蒸馏器是对于连续式蒸馏的最早尝试之一。

法，后来荷兰糖业商人阿曼德·萨瓦尔（Armand Savalle）在此基础上设计出的蒸馏器在朗姆酒酿造中被广泛使用，与埃涅阿斯·科菲的柱式蒸馏器并驾齐驱。

牙买加种植园主伦纳德·雷在1848年写道："现在可用的蒸馏器实在是种类繁多，我不可能一一叫出名字。"在礼貌地拒绝了采用科菲蒸馏器后，他总结道："我还没见过比普通蒸馏加二次反应更好的方法。"

所有这些改良方法取得了立竿见影的效果，人们认为朗姆酒品质更优，它在欧洲市场的售价也突飞猛进。圭亚那的朗姆酒厂商由于采用了新的蒸馏技术，股价大涨。按照查尔斯·托维（Charles Tovey）的说法，那里的朗姆酒蒸馏技术已经到达了"一个完美的高度……在美国市场大受青睐，就像英国市场偏爱牙买加货一样"。

牙买加的壶式蒸馏朗姆酒，主导了市场一个多世纪，正面临着压力。周围的竞争对手宣称他们的朗姆酒与牙买加的不同。要想打造属于自己的特性，他们必须独辟蹊径。对于牙买加朗姆酒业来说，处境关乎生死：我们是怎样一种酒？该如何定义？

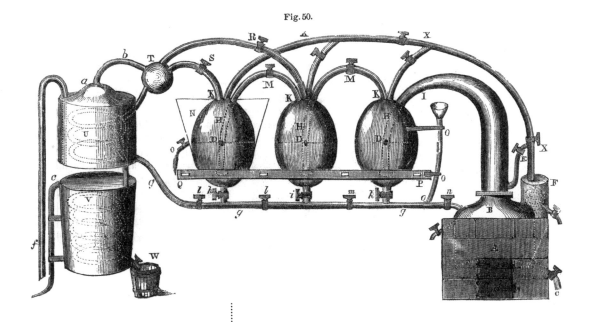

Fig. 50.

甘蔗渣

甘蔗渣指的是蒸馏后在蒸馏器中的残留物。它的酸性很高，还可以制造出一种能让酵母更好地发挥效应的环境。很高的酸性与酒精结合生成酯（果味化合物）。朗姆酒酿造者面临的挑战是如何控制这种酸化，因为这个过程很容易产生异味。甘蔗渣曾经是朗姆酒生产中必不可少的一环，但是现在很少使用了，不过牙买加的汉普顿（Hampden）酒厂和澳大利亚的邦德堡（Bundaberg）酒厂还在使用。

人们经常混淆甘蔗渣和高酸度固体残渣、废渣、水果以及废料坑里存的其他原料（见第43页）。

塞里耶-布卢门撒尔（Cellier-Blumenthal）的设计是很多柱式蒸馏的先驱。

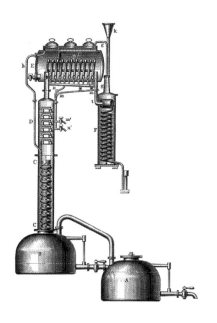

大量使用甘蔗渣：为牙买加特色而战

伦纳德·雷（Leonard Wray）研究了亚洲、纳塔尔和加勒比地区的甘蔗种植（并将高粱引进美国）。他写于1848年的《甘蔗种植园主实用指南》一书成为牙买加朗姆酒在这段时期如何打造品质的宝贵资料。他力劝年轻的酿酒师将发酵过程放慢拉长：达到10天或14天。他的配方中包括浮沫、甘蔗渣、糖蜜和水——以及废料坑里的物质，"一种极为腐坏的混合，最令人作呕与腐败的气味不断散发出来"。的确，臭味产生了，但是他在蒸馏之后会将朗姆酒过滤——然后再加糖上色。

我们可以从另一位种植园主 W. F. 怀特豪斯（W. F. Whitehouse）在19世纪40年代对"牙买加标准"的抨击中洞悉更多，他不仅详细阐释了朗姆酒的生产，还对时政十分敏感。在此非常感谢蒂芬·谢伦伯格（Stephen Shellenberger）的网站www.bostonapothecary.com，让怀特豪斯进入了我的视线。

和雷一样，怀特豪斯是传统的捍卫者，但他也强烈地意识到改进势在必行。他的许多文章都是对一名叫奥基夫（O'Keefe）的酿酒顾问的严词抨击，奥基夫试图推行一种新的"科学"生产系统。怀特豪斯自己设计了一套系统，并向奥基夫发起挑战——最终赢得了对决。

尽管牙买加一直墨守成规，但到了19世纪中叶，朗姆酒的品质仍然一路提升，而且也不再有臭味了。到19世纪末，牙买加才开始生产"普通清洁"级别的淡朗姆酒。

科学时代

19世纪见证了人们口味的改变，鸡尾酒的兴起，商业化的普及，以及朗姆酒树立自身辨识度的新时代。

随着美国转而对本国生产的威士忌情有独钟，朗姆酒的贸易越来越聚焦在英国市场。1806年，位于伦敦东印度码头的朗姆酒码头开埠，占地面积达115公顷。朗姆酒商人们开始在英国建立基业。用他们自己的品牌作为品质保证，再加上其他一个或几个国家的品名。伦敦有雷蒙哈特（Lemon Hart）的同名品牌。怀特、基灵（White, Keeling）使用了红心（Red Heart）。阿尔弗雷德·兰姆（Alfred Lamb）使用了海军朗姆（Navy Rum）。利物浦有桑德巴赫帕克（Sandbach

过滤

约翰·洛维茨（Johann Lowitz）在俄国发现木炭过滤法之后，木炭就在18世纪80年代被用于过滤伏特加中的杂质。1794年，加勒比地区制糖业与朗姆酒业开始采用此法。雷在他的书中就概述了木炭过滤法。在古巴，它带来了巨大的影响。1805年，蒸馏器设计师查尔斯·德洛斯（Charles Derosne）也为制糖业发明了一种木炭过滤系统。他的发明被古巴正蓬勃发展的制糖业所采纳。第一个安装德洛斯净化装置的种植园是乌鲁提亚文塞斯劳的拉梅拉。过滤是制作淡朗姆酒的最后一步。

Parker & Co）、豪和布拉姆利（Hall & Bramley），以及众多其他品牌，敦提商人乔治·莫顿（George Morton）的品牌老桶德梅拉拉（O.V.D.）和老桶牙买加朗姆酒也在19世纪30年代—40年代出现。混合酒增加了可售卖的容量，又在保持一致性的同时丰富了品类。大部分这些调和朗姆酒的出现比苏格兰调和威士忌早了30年。

牙买加朗姆酒仍然在英国贸易中占主导地位，但是甘蔗种植园主将不得不面临一系列风云变化，其中最重大的就是英国在1808年禁止贩运奴隶，并在1833年全面废除奴隶制。令人惊讶的是，糖业游说集团居然成功说服英国政府支付他们2000万英镑，用以"弥补"他们失去奴隶的损失。为了让法案通过，废奴主义者们最终还是不得不认同奴隶是种植园主们的财产。

随着蔗糖的成本日益增高，还有价格更低廉的甜菜糖的出现，以前的产糖群岛都纷纷转向朗姆酒的生产。19世纪末，朗姆酒对于牙买加出口贸易的重要性远超蔗糖，岛上的生产商愈加关注怎样能让他们的朗姆酒与众不同：究竟什么特性是牙买加所独有。

在这段期间，英属圭亚那是唯一还在日渐壮大的产糖殖民地，这依赖于从中国和印度大批输入的劳工。这里300家种植园都有各自的酿酒厂，到1849年，英国进口的朗姆酒中几乎一半都来自圭亚那。人们的口味正在转变。

利物浦的一家公司改变了进口到英国的朗姆酒的形象。1815年，约西亚斯（Josias）和乔治·布克（George Booker）在圭亚那定居，在1835年将那里的糖和朗姆酒运回他们的家乡城市。到1866年，布克兄弟已经被称为"殖民地首屈一指的老板"。在19世纪末，他们又与其前雇员约翰·麦康纳（John McConnell）的公司合并。朗姆酒由布克兄弟自家的航运公司"利物浦航线"承运，卖给代理商或酒商。

由此，利物浦迅速在进行朗姆酒交易的城市中独占鳌头。它的码头在整个19世纪不断扩大，而低于伦敦的泊位费也促使商人来此交易。

英属圭亚那朗姆酒的酒精浓度和多种口味让它成为调制混合酒的不二选择，加上在技术上的持续投入，圭亚那朗姆酒逐渐发扬光大。到了19世纪末，海军调和朗姆酒已经不再使用牙买加朗姆酒，而是主要以圭亚那朗姆酒做为基酒。

全球朗姆酒：印度洋

尽管可以说印度是第一个酿制出甘蔗酒的国家，但他们的第一家专业朗姆酒厂于1793年才开业，当时威廉·菲茨莫里斯（William Fitzmaurice）开始为东印度公司蒸馏制酒。1801年，卡鲁公司（Carew & Co）在坎普尔建造专业朗姆酒厂。

到了19世纪，朗姆酒业已存在近100年的毛里求斯在产量上已与马提尼克岛相当，广泛地供应印度洋地区及周边市场。19世纪末，乔治·莫顿（George Morton）的库存中就有毛里求斯产的朗姆酒。那个时候，法属留尼汪岛、塞舌尔、马达加斯加和南非也都出产朗姆酒。

伦敦的西印度码头曾经是世界上最大的朗姆酒仓库。

在美国，朗姆酒的地位就没那么稳固了。失宠于威士忌后，它错过了鸡尾酒兴起的第一波热潮，在禁酒运动中，它又成了纵情声色的代名词，而废奴运动又使得喝朗姆酒与支持奴隶制画上等号。

然而，这种形象即将转变，这要归功于一个创造出全新风格的新兴朗姆酒生产国：古巴。

19世纪末，朗姆酒产业采用了新技术。

古巴的兴起

古巴孕育了当今世界最广泛生产的朗姆酒，它是众多朗姆鸡尾酒名宿的基酒，它拯救了朗姆酒的名声，使之改头换面、焕然一新，它让来自圭亚那、牙买加、巴巴多斯的遗老遗少成了朗姆酒舞台上的跑龙套者。

这个国家用了300年做到了这一切。古巴历史的大部分时期都禁止酿酒。西班牙帝国的财富建立在黄金之上，而不是贸易。当古巴的贵重金属被挖掘殆尽，西班牙人就一路向墨西哥和中南美洲搜寻。它在加勒比地区的地盘仅仅作为中转站。

古巴几乎不种植甘蔗，所以也几乎无人用它酿酒。在1714年，一项皇家法令还要求没收并捣毁所有朗姆酒酿造设备，以保护西班牙白兰地和葡萄酒的生产和销售。

1762年，英国占领了古巴，他们带来了4000名奴隶、制糖和蒸馏的设备，以及宝贵的生产经验。虽然占领只有短短11个月，却让古巴发生了改变。当西班牙重获控制权后，开放了古巴的贸易，并在1777年宣布朗姆酒生产合法。

西班牙的孤立主义走向了失败。是时候加入蔗糖和朗姆酒俱乐部了，不过制糖业（也同时是朗姆酒业）这座大厦的拔地而起还将经历两次革命——美国独立战争（1775年—1783年）和海地革命（1794年—1804年）。

刚刚独立的美国对糖的需求迫切，而古巴正是一个理想的供货地，尤其是在海地因独立而遭到主流世界的孤立之后。奴隶被大量买入（一直到1886年才被废止），1820年古巴共有652家糖厂。到了1829年，古巴的糖产量超过了英国所有产糖殖民地。1860年，古巴朗姆酒厂的数量达到了1365家。

百加得登上舞台

随着新一波的移民浪潮，古巴的城市哈瓦那、马坦萨斯、卡尔德纳斯和圣地亚哥都建起了现代酿酒厂。1830年，来自加泰罗尼亚的移民法昆多·百加得·马索（Facundo Bacardí Massó）定居古巴并开始为英国人约翰·努内斯（John Nunes）的酒厂销售朗姆酒。1862年，百加得买下了努内斯的酒厂，开始自己生产并装瓶朗姆酒。

新的古巴酿酒师们明白他们必须制出别具一格的朗姆

全球朗姆酒：太平洋

直到1837年菲律宾才有了第一家专业酿酒厂，生力（San Miguel），是多明戈·罗哈斯（Domingo Roxas）的产业。1854年，奥斯蒂·Y.塞（在1893年改名为伊莱扎尔德公司）收购了丹怀（Tanduay）酒厂。如今，它是世界上第三畅销的朗姆酒品牌。

尽管在殖民时代的早期，澳洲在朗姆酒上的消费量不少，不过要到1866年《甘蔗酿酒法案》通过之后，澳大利亚才在位于昆士兰的奥克兰斯糖厂开始商业化酿造并出口朗姆酒。朗姆酒历史学家克里斯·米德尔顿（Chris Middleton）研究发现，1890年昆士兰共有18家朗姆酒厂。该地区还有世界上第一家（大概也是唯一的一家？）漂浮的朗姆酒厂SS海象（SS Walrus），这家在船上的移动酒厂为布里斯班海域的几家沿海种植园酿酒。

在太平洋的其他地区，夏威夷、斐济、塔希提岛和新喀里多尼亚也都出产朗姆酒。

酒。慢慢地，酿酒厂开始独立于糖厂之外运作，改良的技术也让古巴酿酒师创造出了全新的更加清淡柔和的朗姆酒。由于古巴制糖业运用了新技术，酿酒业也理所当然地很早就采用了柱式蒸馏和壶—柱式混合蒸馏。随着过滤技术（见第25页棕色框内）的出现，古巴淡朗姆酒诞生了，在加勒比地区独树一帜。

随之而来的是古巴居民对待朗姆酒态度的转变。与英属加勒比地区的种植园主一样，古巴的定居者也一直自视为漂泊于祖国之外的游子。他们喝的是进口白兰地和葡萄酒，而甘蔗烧酒是黑奴才喝的。

拒绝喝自己酿造的酒意味着与当地的一种疏离感。相反，如果以自家酿的酒为荣就体现出一种强烈的归属感。随着独立事业如火如荼，新古巴人也开始喝起他们的新烈酒。当古巴开始树立真正的自我认同感的时候，朗姆酒成了古巴特色的代表。

古巴独立后，朗姆酒的产量增加，需求也与日俱增，最初是为了给新国家创收。这一时期，古巴在另一个领域也领先于加勒比地区的对手们。当时大部分的朗姆酒都是散装生产销售，出口到国外再调制装瓶，而古巴的酿酒厂却树立了19世纪的新气象，即品牌。不论是哈瓦那俱乐部还是百加得，厂家都拥有自己的品牌。

安的列斯群岛和农业朗姆酒

1635年，法国人登上了马提尼克岛，1644年，来自伯南布哥的荷兰犹太人本杰明·达·科斯塔（Benjamin da Costa）将第一套蒸馏设备带到岛上。这个新法国殖民地上最早有关酿酒的记录来自让-巴普蒂斯特·拉巴特（Jean-Baptiste Labat）神父，他在1694年到1706年之间定居在马提尼克岛和瓜德罗普岛。他是个集矛盾体于一身的人：神父、奴隶主、冒险家、人类学家、种植园主和酿酒师。他是农业朗姆酒（用甘蔗汁榨的朗姆酒）的创始人，也是偷捣蛋小孩的夜魔人。

拉巴特看到了朗姆酒为种植园创造利润的巨大潜力，但是却无能为力。1713年的法令禁止法国进口朗姆酒和糖蜜，这让所有酿酒厂无以为继。种植园主们不能生产朗姆酒，只好把糖蜜卖给美洲的酿酒厂。英法七年战争期间，英国占领了马提尼克岛和瓜德罗普岛，带来了先进的朗姆酒酿造技术。18世纪末，马提尼克岛共有215家酿酒厂，瓜德罗普岛有128家，圣多明戈（就是后来的海地）有182家。较小的岛屿都把生产转向了朗姆酒，只有圣多明戈还是以制糖业为主。这一切都随着海地革命、拿破仑的强势镇压、内战、白人的大逃亡和制糖业的倾覆而灰飞烟灭。海地本可以与古巴一较高下，然而最终却黯然离场。

1848年，黑奴终于得以解放，这也提高了制糖的成本，同时法国发展起来的甜菜糖也打击了马提尼克岛和瓜德罗普岛的制糖业。1887年，美国作家拉夫卡迪奥·赫恩（Lafcadio Hearn）曾形象地描述过，这些岛屿陷入了麻木的深渊。他在散文中曾赞美英格兰北部居民挺进苏格兰荒原时所怀揣的浪漫主义理想。赫恩提出，远在八荒之外并不可怕，可热带地区就是个让人慵懒颓废的"天堂"。

在马提尼克岛，他目睹了白人正在"以一种难以置信的速度"逃离，朗姆酒业也在垂死挣扎。不过，人们依然在喝朗姆酒。赫恩写道："mabiyage，一种颇受穷人阶层欢迎的清晨饮品，是用一瓶叫mabi的当地苦根啤酒兑上一点白朗姆酒做的。要到午饭的时候人们才会喝上一杯劲儿大的烈酒——yon ti ponch——朗姆酒兑水然后加入大量的糖或糖浆。"

新式蒸馏器的引进拯救了朗姆酒。刚开始酿酒师使用德洛斯蒸馏器，这种蒸馏器在法国因蒸馏甜菜而被研发。不久人们又为了更适应糖蜜的蒸馏而对其进行了改造，在蒸馏罐的顶部加了若干浓缩盘。这就是沿用至今的克里奥尔蒸馏柱。

19世纪50年代在法国爆发的粉孢菌和70年代爆发的葡萄根瘤蚜严重打击了葡萄酒和白兰地的生产，于是酒客们把目光投向了加勒比地区。1869年，法国进口了28,640,367升的朗姆酒，马提尼克岛是加勒比地区的最大出口地，圣皮埃尔成了世界朗姆酒之都。

直到1902年，培雷火山爆发，造成4万人死亡，圣皮埃尔市被摧毁。制糖业所剩无多，偃旗息鼓，主要的酿酒厂纷纷倒闭，小一些的庄园开始专门生产一种用甘蔗汁酿制的新品：农业朗姆酒。朗姆酒的风味地图完整了。

古巴朗姆酒与禁酒令
随着马提尼克岛从火山爆发中恢复过来，古巴的朗姆酒业也竿头日上，古巴成为最受美国青睐的朗姆酒生产国。为

19世纪末，马提尼克朗姆酒风行一时。

古巴朗姆酒——尤其是百加得——的起飞添上一把火的是禁酒令。尽管当时美国表面上看起来酒尽杯空，但实际上这个"伟大的实验"却给当时还在苦于挣扎的朗姆酒业注入了一剂强心针。

如饥似渴的美国人涌向哈瓦那，住进美国人新开的酒店：塞维利亚比特摩尔酒店（Sevilla-Biltmore），广场酒店（The Plaza），布里斯托酒店（the Bristol），米拉玛酒店（the Miramar）等。调酒师们进驻了埃迪·沃尔克（Eddie Woekle），皮特·伊科莫尼德斯（Pete Economides），维克·拉夫萨（Vic Lavsa）和乔治·哈里斯（George Harris）这些酒吧，加入了当地调酒师的大军，来自加利西亚的侨民何塞·A.奥特罗经营的酒吧Sloppy Joe's 24小时营业。其中最顶级的酒吧是佛罗里达（Floridita），康斯坦特·利巴拉瓜是那里的王牌调酒师。

禁酒令让朗姆酒气象一新，鸡尾酒的新时代到来了：混血姑娘、康斯坦特的特调大吉利、大总统鸡尾酒，不胜枚举。最超前的朗姆酒在这里被打造，人们喝着时髦的鸡尾酒随着鼓点的节奏摇摆。

古巴哈瓦那的邋遢的乔（Sloppy Joe's）:永远在营业中的酒吧。

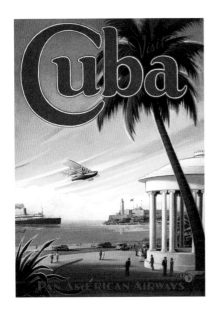

古巴成为美国享乐主义的后花园。

物美价廉的后花园

哈瓦那氤氲闷热，活色生香，是创意的大熔炉。路易斯·A.佩雷斯在《成为古巴人》书中写道："'古巴'被刻意塑造成一个标榜陈规旧习的地方，人们在酒吧、妓院、赛马场和轮盘赌桌上纵情声色，肆无忌惮地尝试酒精、毒品和性。"这是一个人们荷包所能及的乐园，有7000家酒吧，1个赛马场，1个高尔夫球场，1个拳击场，1个游乐园，1家夜店，这里还有人妖秀，1928年还开了大赌场。这里声名狼藉却不太危险，而且游客所到之处都可以讲英语，也让人感到熟悉。古巴是美国人内心欲望的投影。

即使在禁酒令废止后，去古巴旅游还是很便宜的，随着美国黑帮发现了新的敛财手段，赌博取代了豪饮。其中主要的人物是麦耶·兰斯基（Mayer Lansky），他在禁酒令期间第一次来到古巴，搞到了糖蜜的供货源，运回美国去酿酒。就算到了禁酒令被废除后，兰斯基和他的几位合伙人仍然是莫拉斯卡公司的幕后势力，经营着几家大型非法酿酒厂，分别位于俄亥俄州的克利夫兰和赞斯维尔、纽约州的布法罗、伊利诺伊州的芝加哥，以及新泽西州的伊丽莎白市。

1934年，兰斯基带着满满一手提箱现金飞往古巴，与独裁者富尔亨西奥·巴蒂斯塔（Fulgencio Batista）做了一笔交易。巴蒂斯塔每年获得300万～500万美元，黑手党则垄断了赌场。1937年，至少17.8万美国人前往哈瓦那。想想看他们会喝掉多少朗姆酒。

第二次世界大战之后，古巴的诱惑仍在持续，游客们涌入这个岛屿，朗姆酒出口海外，还有曼波舞和伦巴舞的"古巴"舞蹈热潮，生生不息，不是么？

与此同时，在英属加勒比地区……

1901年，英属加勒比海地区的糖业贸易事实上已经崩溃，这使得庄园主的目光集中到了朗姆酒上。现在的朗姆酒制造商手握技术，牙买加首先开始了行动，在1905年创建了蔗糖试验站。试验站基于帕西瓦尔·格雷格（Percival Greg）和查尔斯·艾伦（Charles Allan）有关发酵和培养酵母的研究成果，由H. H. 考辛斯运营。

德国市场也开放了，并随之出现了一种新风格。德国人偏爱口味厚重的朗姆酒，但在1889年，德国政府提高了牙买加朗姆酒的关税。位于牙买加首都金斯顿和德国不莱梅的芬克公司想出了应对方案，在试验站的帮助下，他们打造出一种超浓缩、高酯含量（欧陆风味）的新型朗姆酒。这样可以运到德国再进行调合，或是用中性酒稀释，以达到（大致）相同的口感——但税率却更低。

1907年，牙买加110个庄园生产三种不同等级的朗姆酒，反映了三个主要市场的口味偏好。"本地交易品质"是出窖快、淡朗姆酒，面向国内市场。"国内交易品质"的朗姆酒有果香，味道厚重，在壶式蒸馏过程中使用甘蔗渣，面向英国市场。"出口交易品质"（欧陆风味）主要面向欧洲市场。

尽管如此，也不是每一家牙买加庄园都可以存活下来。对所有的朗姆酒生产国来说，20世纪是一个整合的时代。1948年，牙买加有25家酿酒厂，外来投资还在不断涌入，其中最著名的是来自加拿大的酒厂施格兰，他们需要为自己的摩根船长品牌寻找货源，于是买下牙买加长塘庄园，并在波多黎各、墨西哥、委内瑞拉、巴西和夏威夷购买种植园。圭亚那采取了不同的策略。供应英国市场的朗姆酒以短时间发酵、壶式和柱式蒸馏为主，原因仅仅因为他们没有足够的发酵容器来延长发酵时间。虽然出现了企业间的兼并，但朗姆酒销售还算健康。然而，巴巴多斯却在苦苦挣扎。1906年，酒厂被禁止零售，所有交易都必须通过阿莱恩·阿瑟（Alleyne Arthur）、马丁·多利（Martin Doorly）、R. L. 希尔（R. L. Seale）和汉谢尔·英尼斯（Hanschell Innis）这样的当地经销商进行。交易量大幅萎缩，主要集中在国内市场。

朗姆酒与可口可乐

加勒比海其他讲西语的地区就轻松多了。他们的任务就是追赶古巴，并利用美国人不断变清淡的口味做文章。波多黎各直到1917年之前都顺风顺水，这一年出台的《琼斯法案》赋予了当地居民美国公民权，诡异的是，这些公民竟然投票支持禁酒令，这一举扼杀了年产值达7000万美元的朗姆酒业。直到1935年，朗姆酒工厂才恢复生产。即便如此，大部分"波多黎各"朗姆酒其实是用其他岛屿产的朗姆酒混合了香料、葡萄酒、糖、糖蜜、西梅干和其他果汁调和而成。

牙买加的阿普尔顿庄园在朗姆酒的艰难时期继续生产。

这并非不同寻常。在禁酒令废除后和整个二战期间,许多酿酒厂仅仅是让管线运转而已,并不追求质量。朗姆酒成为了一种廉价酒。1937年美国财政部的彼得·瓦莱尔(Peter Valaer)写了一份有关朗姆酒风格的有趣报告。报告显示柱式蒸馏出的清淡古巴朗姆酒"有果香味,或是有点像糖蜜的味道"。当时圣克罗伊岛的四家酿酒厂使用的是甘蔗汁,混合了几种酵母,或者野生发酵,然后经壶式蒸馏和柱式蒸馏酿制。

波多黎各的朗姆酒大部分都用糖蜜酿制,并使用"快熟"技术,比如"放入白橡木桶,并用高锰酸钾和过氧化氢处理"。虽然瓦莱尔的报告中似乎未提及牙买加朗姆酒的品质,但报告中所描述的所有朗姆酒都是经过上色和勾兑的。据他的说法,圭亚那朗姆酒生产商在上色和熟化之前会加入"法国李子、瓦伦西亚葡萄干、香料和其他调味剂"。他还声称"某些生产商……用一种独家方法,熟化的时候在木桶中放入几大块生肉,以此来吸附某些杂质,还能增加独特风味"。

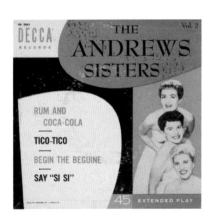

安德鲁斯姐妹的歌曲《朗姆酒和可口可乐》让自由古巴鸡尾酒在20世纪40年代家喻户晓。

巴巴多斯当时已经使用现代柱式蒸馏设备，并通过加入"雪莉酒、马德拉白葡萄酒或其他葡萄酒，通常还有硝酸烈酒、苦杏仁和葡萄干"来增加风味。

除此之外，朗姆酒还打了场漂亮仗。美国的威士忌工厂再次关闭，用来生产战争需要的工业酒精，这让人们又无酒可喝了。另外，二战期间部队驻扎在加勒比海岛（特别是特立尼达岛）的一些大型基地，可口可乐工厂也随军前往，以确保重要军事设施附近都有一个装瓶厂。

自由古巴这款鸡尾酒就是"朗姆酒和可口可乐"，这个组合最初成名于古巴独立战争时期，后来安德鲁斯姐妹的歌曲广为传唱，成为风月场上的大热歌，直到被《鲁比，别带着你的爱进城》取代。

战后，波多黎各发生了天翻地覆的变化，朗姆酒试验工厂在首席化学家拉斐尔·阿罗约（Rafael Arroyo）的领导下建立起来，他的论文至今仍被朗姆酒发烧友奉为圭臬，尤其是他有关酿制浓烈朗姆酒的分析。他的结论是不要用第一个蒸馏柱中的酒液："……漫不经心酿制出来的淡朗姆酒算不上是上等的、真正的浓烈朗姆酒。"1943年，波多黎各出口到美国的朗姆酒超过了古巴，在美国，人们已经开始用一种全新的方式来喝朗姆酒。

提基（Tiki）登上舞台

舞台一角是起名夸张的前青年朗姆酒推销员欧尼斯特·雷蒙德·博蒙特·甘特（Ernest Raymond Beaumont Gantt，又名唐·毕奇，也就是海滩狂人先生）。舞台的另一角是维克多·伯杰隆（Vic Bergeron），也就是商人维克，一个戴木制义肢的销售员/来自奥克兰的骗子。

1934年，唐·毕奇在洛杉矶开了一家波利尼西亚主题餐厅：海滩狂人先生。餐厅里摆满了他自己淘换来的波利尼西亚小物件，特色是提供让人耳目一新的朗姆酒。他将之称为提基鸡尾酒，提基很快就会在战后的美国掀起一股热潮。提基鸡尾酒趣味十足，活力四射，充满异国情调。它一扫20世纪50年代的阴霾。也激发出朗姆酒的独特潜力：让人们轻松欢笑。

美国研究提基的历史学家"海滩顽主"杰夫·贝里（Jeff "Beachbum" Berry，他的著作对我本节的写作有巨大帮助）

揭示了一个被忽略的事实，尽管这一切都有些刻意媚俗，但是这些创意饮品本身都非常好喝。确实，它们有些花里胡哨的洛可可风，但是大受人们喜爱。唐和维克多很了解自己的朗姆酒。

唐·毕奇喜欢牙买加的壶式蒸馏朗姆酒。他把朗姆酒掺在饮料里，加入果汁和香料，还借鉴了潘趣酒的做法，把酒精浓度调到11度。维克多很快就发现了唐的成功，并在1937年提出与他合作。唐断然拒绝，于是一向聪明的企业家维克多就前往古巴，向康斯坦丁诺·利巴拉瓜·维特（Constantino Ribalaigua Vert），也就是调酒师康斯坦特（Constante）学习。1938年，第一家商人维克餐厅开业了，包括维克多自创的维克大吉利重奏。1944年，他又再接再厉，发明了迈泰鸡尾酒。在顶峰时期，他拥有20家连锁餐厅。

唐的情况就没那么如意了，和妻子离婚后他损失了财产的半壁江山。他前往夏威夷的瓦胡岛继续他的提基酒人生。

朗姆酒现在已经离开家乡远涉重洋。在美国，它是有浓厚水果味的酒。在加勒比地区，它颜色清透，兑水一起喝，或者只是简单的调和。在英国，它是一种浓烈的深色烈酒，人们直接饮用或是加上糖浆。

还有一种酒，它无处不在，这就是百加得；但是在20世纪60年代的英国，人们不会把它当作朗姆酒，它就是"百加得"。作为一家企业，它取得了其他品牌都没有做到的辉煌成就：品牌超越品类。

朗姆酒生意

20世纪后半叶，朗姆酒的故事变得冗长而乏味：创立合并、国有化与吸收兼并。随着酒类市场的斗转星移，朗姆酒成为了跨国交易的边缘产品。很少有人关注这种酒了。到20世纪70年代，朗姆酒的销量江河日下。与此同时，古巴的朗姆酒业已经国有化，出口贸易停止了。在其他地区，朗姆酒业靠着税收减免政策得以勉强维持，例如美国对波多黎各和美属维京群岛的税收减免，或是欧盟对加勒比地区生产商的免税配额。配额制虽然挽救了朗姆酒产业，但对品牌的发展却毫无裨益。朗姆酒都以桶装销售，只有百加得一枝独秀。

1997年，对进口到英国/法国的朗姆酒的免税配额和优惠关税被取消了（美国对波多黎各和美属维京群岛的税收优

商人维克主题酒吧/餐厅推广了提基文化。

惠仍保持不变）。2001年，欧盟提供了7000万美元的援助，以帮助稳定市场，并发放津贴以补助朗姆酒的市场推广、产品生产以及厂家自主品牌的开发。

另一场战斗也打响了。1976年，古巴政府收回了已经失效的哈瓦那俱乐部商标，并开始重新经营这个品牌。1993年，保乐力加集团与古巴政府签署了一项合资协议，获得了哈瓦那俱乐部品牌的全球营销权。打造一个全球化、优质的陈年朗姆酒品牌已经成为现实。

百加得——他们在古巴的资产于1960年被查封并收归国有——对此却有截然不同的看法，并由此开始了一场旷日持久的争夺哈瓦那俱乐部商标权的官司，这场官司至今还在继续。荒谬的是，尽管美国对古巴的贸易禁运即将解除，百加得仍然阻止其他公司在美国使用哈瓦那俱乐部商标销售朗姆酒。

朗姆酒的复兴

大西洋烧烤酒吧（Atlantic Bar & Grill）在1993年还是个建筑工地，从这里可以瞥见它日后的荣光——伦敦新鸡尾酒时代的圣地。我们聚在一间小屋里，有奥利弗·佩顿（Oliver Peyton）、迪克·布拉德赛尔（Dick Bradsell）、几位葡萄酒作家、我自己，还有几瓶精挑细选的新玩意儿："金"朗姆酒。

当时的先锋品牌有凯珊（Mount Gay）、艾普顿（Appleton）和考克斯波（Cockspur），还有最近推出的埃尔多拉多15年（El Dorado 15-year-old）。对我来说，这家生产商第一个创立了高档朗姆酒品种并自豪地宣称："我们创造了它。"殖民时代的思维桎梏已经松动。

我们热情高涨地离开那间小屋，满怀着对这份事业的笃定，坚信朗姆酒载入舞台中央的时刻指日可待。虽然比世界各地朗姆酒爱好者所期待的时间长些，但从那以后，每年都有更多的朗姆酒吧开业，最近基酒的复兴则更提振了这股势头。像伊恩·伯勒尔（Ian Burrell）和维勒公司的卢卡·加尔加诺（Luca Gargano）这样的环球旅行者不遗余力地让朗姆酒声名远扬。百加得重塑自己朗姆酒品牌的声誉，以及哈瓦那俱乐部文化倡议活动，都为朗姆酒的繁荣添了一把火。西

莫吉托：21世纪的首选朗姆酒饮品。

印度群岛朗姆酒和烈酒生产商协会（WIRSPA）发起非品牌性的朗姆酒推广活动，举办朗姆酒节庆，开通博客，发行书籍和杂志，这些都发挥了星星之火的作用。

最重要的是，生产商们怀抱信仰。他们讲述朗姆酒的历史和产地。他们谈到圭亚那或是牙买加、古巴或是危地马拉、巴巴多斯或是尼加拉瓜。他们描述口味与传承。他们诉说这份归属感。

朗姆酒回家了。

朗姆酒的生产者们，终于当家作主。

生产

在法律上，朗姆酒只能通过甘蔗制糖的产品——糖蜜、糖浆或新鲜甘蔗汁——蒸馏而成。欧盟要求朗姆酒的蒸馏纯度不得超过96%，美国要求不超过95%。欧盟要求朗姆酒装瓶的酒精浓度不得低于37.5度，美国要求不低于40度。欧盟禁止在朗姆酒中加香料，美国则没有要求。

除此之外，表面上看朗姆酒不过如此。取糖溶液，加入酵母，发酵，然后蒸馏。这是每个朗姆酒酿造者都会遵照的基本程序。让朗姆酒如此迷人又玄妙的，正是以千变万化的手段来实现这些简单的流程。

决策中的每个环节都会影响朗姆酒的最终口感。虽然使用技术，却不以牺牲朗姆酒的原生态美感为代价。当地的风土扮演了多种角色，从文化内涵到对土壤、风、空气的直观展现。

朗姆酒的制造者，无论是酿造师还是调酒师，都是一种风格、一段历史的守护者。

这是他们的故事。

这是他们的世界。

现在仍有手工收割甘蔗。

甘蔗

老实说，在格拉斯哥你没办法经常练习使用砍刀。如果要试试看的话，估计你会被警察抓起来。不过，当人家在种植园里递给我一把砍刀的时候，我还是脑补出挥舞大刀狂砍甘蔗的肉体快感。事实上，一点都不浪漫。这种残酷无情、能把人腰累断的劳作要持续整整一天，在旱季每天如此。

现在，不是所有甘蔗都用人工收割。虽然提倡人工收割者表示这种做法可以获得甘蔗杆根部的高浓度蔗糖，但大部分甘蔗都是用机器来收割，这样可以24小时不间断作业。

我正在砍的这些甘蔗——适应当地土壤和气候的精选品种——是一年前种植的，现在已经长到3～5米高。人们放火焚烧甘蔗地，以便给土壤消毒，清除掉废物（甘蔗枯叶），将甘蔗杆烧焦，还可以防止在收割时水分的流失。

一旦开始燃烧，甘蔗的成分就开始转变。转化酶会将蔗糖转化为葡萄糖和果糖，同时右旋糖酐也在积累。由于这些化合物让糖更难结晶，收割下来的甘蔗必须在24小时内送到工厂。

大多数生产商都认为，如果用糖蜜酿制朗姆酒，甘蔗的种类并不重要。艾普顿庄园是个例外，首席调配师乔伊·斯宾塞（Joy Spence）称他们使用的甘蔗品种让酿出的朗姆酒含有水果味和淡淡的奶油味。

然而，对于用甘蔗汁（见第29—31页）来酿制朗姆酒的厂家来说，甘蔗的品种就有至关重要的影响了。

蔗糖生产

我对参观糖厂乐此不疲。卡车隆隆地开进来，上面高高地堆着摇摇欲坠的甘蔗杆，一群工人围将上来把甘蔗杆一抢而空，投入到研磨机那贪得无厌的大肚子中。到处都弥漫着一种古怪又令人兴奋的气味，酸酸甜甜，混合着潮湿的泥土和植物的气味。

在这里，甘蔗被切碎碾压，释放出汁液，再撒入石灰混合物来澄清并中和pH值。剩下来的污泥可以清理下来用作肥料。甘蔗汁的pH值被升高再经蒸发成为糖浆，然后在真空锅中浓缩成过饱和状态。微小的晶体凝固了，促成了更大晶体的形成，然后大的晶体就被离心分离出来。这样重复两次。分出来的是粗糖，剩下的是糖蜜。

糖蜜和甘蔗糖浆朗姆酒

到目前为止，朗姆酒制造者已经有三种基本材料可供选择。可以用甘蔗汁，也可以用甘蔗糖浆（许多拉美朗姆酒的选择），一种在第一次结晶后产生的黏稠的甜味物质。它的价格是最常见的原料糖蜜的两倍，糖蜜沉重浓稠，甜中带苦，还有一股烟熏和铁腥味。

糖蜜

全球糖业的整合也意味着糖蜜的大宗贸易，交易主要来自巴西、圭亚那和委内瑞拉。这些糖蜜是那些不产糖（或产量很少）国家的酿酒厂的原料。每位酿酒师都对含糖量、灰分、黏度、pH值和酸度有精确的要求，以确保酿出的朗姆酒味道一致。制糖效率提高的连带效应是糖蜜中蔗糖的含量变低了，而灰分的含量升高了。后者会在蒸馏过程中引发问题，而较低的含糖量会对产量和成本产生连锁反应，这意味着生产商需要更多的糖蜜来生产相同数量的朗姆酒。

将甘蔗尽快送到工厂至关重要。

被送到多米尼加共和国布鲁加尔酒厂的糖蜜。

酵母

酵母既可以被看作是将糖转化为酒精的有机体，也可以说是参与创造出风味的积极分子。今天，野生酵母发酵(使用在当地环境中自然产生的酵母)已经很少见了，但并未消失。一些酿酒厂使用标准的商业干酵母，另一些则开发了自己的菌株来打造特殊风味。

酵母放到含糖的环境中，它会大显神通，释放出热量和二氧化碳，最重要的是，把糖变成酒精。同时，它对温度也非常敏感，开始发酵必须达到一定温度，但是如果超过35摄氏度又无法存活。在凉爽的气候下，保持这个温度上限不成问题，但在产朗姆酒的地区，外界温度在25～32摄氏度间，就产生问题了。因此，温度控制十分必要，这样酵母才能持续发生作用，防止腐败的产生，并确保充分转化。

糖蜜的密度是水的1.5倍，这意味着酵母没法沉到糖蜜黏腻的内部发酵。因此，在发酵之前，需要用水稀释糖蜜，稀释的浓度取决于想要达到的口感。

酵母发挥作用还需氮元素，而糖蜜的氮含量很低，因此在发酵前要增加其氮含量，最常见的方法是加硫酸铵或磷酸铵。由于微酸性环境也有利于酵母的发挥，pH值需要降低到5.5～5.8。这反过来又有助于产生果酸酯。

发酵

"时间越久，味道越丰富。"——马克·米德尔顿（Mark Middleton），牙买加艾普顿庄园酿酒厂经理。

蒸馏就是将酒精从水中分离出来的过程，浓缩各种口味，然后挑出你想要的口味。这些味道是从哪里来的？答案是：发酵。

糖蜜含有81种芳香化合物，它们会与酵母发生反应，酵母本身也会增加风味。它们随着时间的推移相互作用，创造出更多口味。因此，发酵时间的长短至关重要。发酵时间越长，发酵液的酸性就越高，产生的酯类也就越多。

淡朗姆酒需要快速发酵——在24～48小时之间——才能达到适合的浓度和口味。一般来说，口味较重的朗姆酒需要更长的发酵时间。在糖转化为酒精后，发酵液被留在发酵罐中，此时里面的乳酸菌开始发挥作用，生成酯类。无论使用什么方法，都需要控制每个流程。

温度控制让酿酒师们能够玩转这些基本规则。例如，萨凯帕（Zacapa）使用的是100小时控温发酵，而在坞丽——加朗特岛上，比拉酿酒厂的詹尼·卡帕维拉（Gianni Capovilla）在酿制朗姆朗姆（Rhum Rhum）品牌朗姆酒的时候就会在控温环境下发酵5天。在巴巴多斯的四方（Foursquare）酒厂，理查德·希尔（Richard Seale）将糖蜜和水的混合液缓缓倒入发酵槽中，来获得更丰富的香味。

然而，牙买加酒厂才是控制发酵的专家。在这里，发酵过程可以短至30小时，也可以像汉普顿庄园那样长至21天。生产出的朗姆酒要根据其酯含量分级。众所周知的"普通清洁"级，酯含量在80～150之间，发酵时间短；"普鲁莫"级（酯含量150—200）的朗姆酒有果香和葡萄干风味，大概需要发酵两天；油性大、有刺鼻果味的"伟德伯恩"级（酯含量200以上）需要更长时间的发酵，期间还可能会加入甘蔗渣（见第24页）；"欧陆风味"级（酯含量700～1400）的朗姆酒需要长时间的发酵，有丙酮的味道，主要用于调味。

发酵时间的长短会直接影响朗姆酒的味道。

现在，酿酒专家们比如牙买加的艾普顿庄园会用甘蔗渣（见第24页）来酿制酯含量高的朗姆酒。艾普顿庄园的酒厂的原料中混合了糖蜜、水、甘蔗渣，和酒厂废料坑里的一些液体。在酿酒季节结束后，人们会把酒厂中所有蒸馏罐里的残渣收集起来，倾倒在一个沟槽中，这里永远不会有人清理。人们还把美洲人心果、菠萝蜜和香蕉扔进去以提高氮含量。朗姆酒中的刺鼻气味就来自甘蔗渣和废料坑里的原料。

蒸馏

蒸馏出的原液酒精浓度在4%～9%，稀释的溶液中保存了所有味道。因为酒精的沸点比水低，所以如果在密闭的容器中加热该溶液，酒精会比水先被蒸馏出来，从而提高了酒精浓度并浓缩了香味。

富含芳香的蒸汽升到蒸馏釜的顶部，然后通过冷凝系统再次冷却为液体，一般冷凝系统是一束装满冷水的铜管。蒸馏的时间越长，酒精的浓度就越高，酒的口味也就越淡。蒸馏时间越短，口味就越重。

蒸馏过程中还会发生反流作用。当蒸汽接触到釜中温度较低的部分，其中的重元素就会凝结液化并被再次蒸馏：即庞大装置中的微蒸馏。回流将蒸汽分解成越来越多的小碎片，从而激发出更丰富的层次。

蒸馏器通常是铜制的，因为铜可以吸收一些重元素，比如硫黄，所以蒸汽与铜的作用时间越长，酒的口味就越淡。因此蒸馏过程越慢，或是蒸馏釜位置越高，二者的作用时间就越长。

蒸馏釜的形状、大小以及蒸馏速度，都会直接影响酒液的特质。

壶式蒸馏

许多酿酒厂仍然采用这种传统方法酿制浓烈厚重的朗姆酒。

传统壶式蒸馏

壶式蒸馏器在功能上就是一只巨大的壶。第一次蒸馏后会得到酒精浓度为24%左右的低度酒。然后再次蒸馏，以提炼风味和增加酒精浓度。在蒸馏初期挥发出的物质被称作酒头，会从中段酒（"酒心"）中分离出来。蒸馏到最后的酒液，口感会变得越来越油腻。这也是不符合要求的，因此这一部分叫作酒尾或伪酒（feint），也要被分离出来。最终得到的酒液酒精度为65%～72%。酒头与酒尾会加入下一炉低度酒中再次蒸馏。

中段酒中有丰富的香味物质供酿酒师选择。更清淡芳香的朗姆酒是蒸馏过程的早期收集出来的，越晚收集出的朗姆酒则越浓。浓郁的酒液赋予了陈放多年的朗姆酒扎实的口感。

壶式蒸馏加反应罐

朗姆酒厂还使用一种系统，在蒸馏壶和冷凝器之间放置一种叫作蒸馏甑的铜制容器。蒸馏壶中装满发酵液，蒸馏甑中则装有之前蒸馏出的高度和低度的酒液。这样在一次蒸馏过程中就可以实现三次蒸馏。

发酵液被加热，酒精蒸汽（酒精浓度在30%左右）进入第一个蒸馏甑，这就是低度酒液。接着又被加热至沸腾，释放出所有芳香，然后蒸汽（酒精浓度在60%左右）进入第二个蒸馏甑，再重复一遍以上步骤。之后蒸汽（酒精浓度已经达到90%）凝结。

当酒液流入接收器时，被分成四个部分：酒头，然后是朗姆酒（平均酒精浓度86%），接着分出的酒液用来制高度酒，平均酒精浓度75%，最后一部分制低度，平均酒精浓度为30%。最后两部分会加入蒸馏甑参与下一次蒸馏，就像用鸡架来熬制高汤。通过调整它们的浓度，酿酒师就创造出了不同的最终作品。

如果要酿制酯含量更高的朗姆酒，整个蒸馏过程会在系统中再进行一次，以进一步浓缩香味。

木制蒸馏壶

圭亚那的钻石酒厂有两个木制蒸馏壶。

第一个叫凡尔赛蒸馏器，壶身由绿心樟木制成，顶部的铜颈急剧向下弯折，连接到一个蒸馏甑，接着是一个小型精馏塔（有助于增加回流），之后再连接到冷凝系统。

第二个叫莫兰特港蒸馏器，是双壶结构。两个壶中都装满发酵液，之后对第一个蒸馏壶充分加热，于是酒精蒸汽涌入第二个蒸馏壶的底部，将其中的发酵液加热至沸腾，产生的蒸汽再进入蒸馏甑和整流管。

由于设备中没有大量的铜，产生出的烈酒很浓。凡尔赛蒸馏器酿出的酒浓厚有肉感。莫兰特港蒸馏器酿出的酒加入了黑香蕉和熟透的水果味，口感有一丝滑腻。二者都需要长时间陈酿并在调配的时候加料。

巴巴多斯的圣尼古拉斯修道院酒厂的混合型蒸馏器。

生产

巴巴多斯四方酒厂的壶式反应罐系统。

柱式蒸馏

　　19世纪发明的连续式柱式蒸馏开启了朗姆酒的新纪元（见第23页）。这是第一次可以酿制出"淡"朗姆酒。如今的朗姆酒厂使用多种设计方案的柱式蒸馏塔。

科菲蒸馏器

　　像埃涅阿斯·科菲（Aeneas Coffey）这样的设计师一直在寻找提高蒸馏效率的方法，以便让蒸馏过程"持续不断"。在科菲蒸馏器的案例中，这是通过两个相连的柱式蒸馏柱来实现：分析柱和精馏柱，它们内部都以带孔的水平放置的精馏板分出隔室。

　　酒液通过盘管注入精馏柱，再从分析柱的顶部喷洒到最上方的精馏板上。接着经过一系列的管道流到分析柱的底部。刚被蒸发出的蒸汽被注入蒸馏柱的底部，上升过程穿过精馏板上的小孔，酒精便从凝结下降的酒液中分离出来。

　　这股蒸汽上升并进入另一条管道，再注入到精馏柱的底部，然后重复向顶部蒸发的过程。在这个过程中，当蒸汽遇到每个隔室顶部温度较低的部分，就会导致较重的元素回流出来。

生产

　　这个过程就像一个在冬季比赛的越野运动员，在起跑时穿着厚厚的衣服，随着运动员体温的升高，会一层层脱掉外套（香味）。

　　由于蒸馏柱非常高大，只有最轻的化合物才能到达收集板，然后再被分流到冷凝器中。

多柱式蒸馏

　　装置中的蒸馏柱越多，对蒸馏过程的控制力就越强——酿出的朗姆酒也就越淡。这些装置更加纷繁复杂，可以收集、重新蒸馏或去除各种醇类。

　　酿酒师可以利用这个系统制出包罗万象的品类。例如，圭亚那的德梅拉拉酿酒有限公司（DDL）就用他们的四柱式萨瓦尔蒸馏柱酿制出了9个品类的朗姆酒。在牙买加，乌里叔侄（Wray & Nephew）酿酒厂用三柱式蒸馏器酿制出若干的品类。诸如百加得、克鲁赞（Cruzan）和安高天娜（Angostura）的酿酒厂都使用五柱式蒸馏器。

　　百加得先使用“啤酒柱”将酒精分离出来，生产出该公司的烧酒安哥斯特拉（aguardiente，酒精浓度80%）。再经过三个蒸馏柱，杂质被去除，百加得得到了它的烈酒雷迪拉多（redistilado，酒精浓度95%）。第五个蒸馏柱用于再次蒸馏其他四个蒸馏柱中的元素。所有这些过程都在真空下进行，这样可以降低沸点，让整个过程更加节能（四方酒厂也有一个真空蒸馏柱）。

　　用精馏柱提炼“浓烈”朗姆酒需要高超的技术，还需要许多铜来去除硫磺。杂醇油很可能无法去除。这样酿出的朗姆酒可能和壶式蒸馏出的朗姆酒度数一样，但由于发酵和蒸馏的方式有所不同，因此香气与口味也不尽相同。

混合蒸馏

　　这种蒸馏器结合了蒸馏壶和精馏塔（有时放在蒸馏器的颈部）。百加得最早的蒸馏器就是这种混合蒸馏器的雏形。现代的例子在圣卢西亚岛酿酒厂和巴巴多斯的圣尼古拉斯修道院酿酒厂。

过滤

　　一般来说，淡朗姆或“超淡”朗姆酒会通过木炭来去除

农业朗姆酒在单柱式蒸馏塔中蒸馏，如上图所示。

有害元素。然后可以直接装瓶，或者贮存陈酿。在百加得的例子中，这两个品类都会在陈酿之前过滤。出窖后，就像许多白朗姆酒那样，会进行第二次过滤以去除颜色。

其他类型朗姆酒

农业朗姆酒

农业朗姆酒是用新鲜的甘蔗汁酿制的酒。（以糖蜜为原料酿制的朗姆酒称为工业朗姆酒）。"农业"一词揭示了朗姆酒与土地之间唇齿相依的关系。如果以甘蔗汁为原料，就需要尽快处理它。这就意味着制糖厂和酿酒厂需在同一地点，通常附近都有甘蔗田。

甘蔗汁还能让你注意到甘蔗对酿制的影响——甚至是不同品种的影响：土壤条件或是气候因素的差异，比如在大西洋清凉微风吹拂下的酒厂酿制出的朗姆酒就与炎热的加勒比海岸的酿酒厂酿制出的朗姆酒有所不同。由于酿制朗姆酒是各种不同因素间互相作用的过程，很难单独指出一点，就说"是造成区别的原因"。所有这些因素——甘蔗、土壤、气候——都会起到潜移默化的作用。

品尝不同年份的朗姆酒，你会察觉到每年气候条件的不同。深呷一口酒精浓度50度的农业白朗姆酒，你仿佛尝到了岛上的泥土味道，它混合了甘蔗汁的芳香和酿酒厂中花果香的植物气息。

农业朗姆酒在很多方面都与葡萄酒更加相似。你的原料是由每个年份所给予的。这些酿酒厂就是朗姆酒的酒庄。

生产

运到工厂后，甘蔗杆被碾碎，甘蔗汁被收集起来，纤维碎渣（甘蔗渣）用来做锅炉的燃料。甘蔗汁往往会在放有干酵母的开放式发酵桶中迅速发酵。有些酿酒厂在一天内就可以完成发酵，有些则需要两天以上的时间。在马提尼克岛，最长的发酵时间不会超过72小时。

蒸馏在分成20～30个隔室的单柱式蒸馏塔内进行。发酵液先通过两个预热器，然后直接进入蒸馏塔的中部，流通的蒸汽从底部泵入，当发酵液向下流过精馏板时酒精就被分离出来。

生产

蒸汽气流上升到蒸馏塔的浓缩区，即发酵液注入口的上方，在那里发生回流。之后蒸汽通过一根穿过预热器（提供热源）的管道到达冷凝器。冷凝前，所有回流的酒精都被收集起来，再次注入蒸馏塔。这样就酿出了酒精浓度低一些的酒。根据马提尼克岛的等级法，蒸馏酒的酒精浓度必须在65%～75%之间。

因此，农业朗姆酒之间的差异可能来自土壤、甘蔗的品种、发酵时间、发酵液的浓度，以及蒸馏塔的构造：高度、铜含量和隔室的分隔方式。

老式的克里奥尔型蒸馏柱设计简洁，能在蒸馏时产生更多的香味；萨瓦尔（Savalle）和巴贝特（Barbet）的设计让蒸汽更充分发挥作用，增加回流。萨瓦尔蒸馏器酿出的朗姆酒偏向于花香型，巴贝特设备酿出的朗姆酒则更偏向植物香味。

这种清新的植物气息主要来自发酵与蒸馏的过程。如果将农业朗姆酒与壶式蒸馏的朗姆酒（比如朗姆朗姆）相比较，就能看出这一点，后者由甘蔗汁酿制而且发酵时间比较长。酿制到更高的度数，酒液就会清澈并且有花果香，但是没有植物的味道。

马提尼克岛的克莱蒙酒厂测量酒桶的重量和体积。

克莱因酒（Clairin）

人们普遍认为海地只有一家酿酒厂，即传奇的巴班库特（Barbancourt）酒厂，原因是这家酒厂的产品远销世界各地，而很少有人去过这个麻烦不断的国家。后来才开始有传闻说酒厂很多——非常多。事实上，海地有几百家酿酒厂。但是他们酿制的不叫朗姆酒或兰姆酒，而是克莱因酒。

克莱因酒对于朗姆酒就像梅斯卡尔酒之于龙舌兰，其实就是同一种酒。这种酒生产规模小，经农业生产和手工艺的传统方法酿制，与先进的技术酿制的朗姆酒有很大不同。它的血液里流淌着海地的土壤。

手工制作的卡莎萨发酵过程较为温和，需要24～36小时才能将其转化为果味温和的酒液。然后酵母就被分离出来，重新进入发酵过程，同时酒液进入蒸馏器。

工业生产的卡莎萨用柱式蒸馏器蒸馏，而手工制作的用铜壶蒸馏，在蒸馏器里中段酒会与酒头和酒尾分离。这些蒸馏器有很多不同的样式：简单的蒸馏壶和冷凝器，有些在颈部有精馏板，有些是两个相连的蒸馏壶，颈部都装有精馏板。

卡莎萨

巴西是世界上最大的产糖国，生产的甘蔗还被制造成了工业酒精、糖蜜和卡莎萨：大约有3万个注册的卡莎萨生产商，总年产量达15亿升。

巴西90%以上的酒类产品都掌握在少数几家大型生产商手中，他们生产"工业"卡莎萨。而大量的小酿酒厂生产"手工"卡莎萨，其中大部分都集中在米纳斯吉拉斯州，约有8500家。

法律规定，卡莎萨必须用甘蔗汁酿制；在巴西，它的酒精浓度必须在38%～48%之间，每升中加的糖不得超过6克。工业化酿酒厂会从不同的种植园购买甘蔗。手工酿酒厂一般都有自己的甘蔗田，因此对原料有更好的掌控。

甘蔗汁净化之后，就可以开始发酵了。一些工业化酿酒厂利用燃料乙醇行业的技术，可以在10小时内完成发酵工作。手工酿酒厂的发酵时间更长。他们是利用甘蔗上的酵母充当了发酵剂。

生产

蒸馏卡萨莎的三壶式装置。

在这基础上，有些酒厂会在甘蔗汁中加入烤玉米/面粉/麸皮/大豆/大米这些"开胃菜"，混合起来启动发酵。在许多情况下，这种方法只在酿酒季节开始时使用，之后的发酵就可以使用前几批酿制过程中产生的酵素。这种技术类似制作酵母面包的方法，比较常见，但数量众多的酒厂却发展出千变万化的酿造方法。

工业化酿酒厂销售"新鲜"的卡莎萨，而手工酿酒厂总是将酒注入不超过700升的木桶中陈酿一段时间。波本桶和干邑桶都很常见，还有大量巴西本地木材制成的木桶：翅雌豆木和纤皮玉蕊木——两者经常被误称为"巴西橡木"；还有重蚁木、巴西良木豆、龙凤檀和巴西卡琳玉蕊木。

有些木桶，比如前两种，性质温和，令陈酿的酒液柔和适口。其他类型的木桶在陈酿过程中有助于增加色彩和芳香。

这是朗姆酒么？不，这是卡莎萨！

51

卡莎萨可以在很多种类的木桶中熟化陈酿。

亚力酒

"亚力"（Arak）这个词是一类烈酒的总称。在斯里兰卡和印度的果阿邦，它以椰树花为原料。在黎巴嫩，必须用葡萄酿制，在蒙古，亚力酒则是用发酵的马奶酿制的。而在爪哇，亚力酒写作Arrack，专指甘蔗酿制的酒。

在殖民时代，巴达维亚亚力酒是制作潘趣酒（见第19页）备受推崇的选择。在爪哇生产出来后，主要都运往荷兰，然后再从那里重新出口。E&A舍尔公司（见第55—56页）在成为专门经营朗姆酒的公司之前，主要业务就是进口亚力酒。该公司仍在与爪哇交易，为巴达维亚亚力酒范·奥斯滕公司（Batavia-Arrack van Oosten）提供货源。亚力酒还用于香料工业以及制作瑞典潘趣酒（由巴达维亚亚力酒、朗姆酒、糖和香料调和而成）。

亚力酒用糖蜜酿制，在开始发酵时会加入红米糕来促进发酵。蒸馏在壶式蒸馏器中进行，之后，将亚力酒放入柚木桶中熟化然后再装运。下一步的陈酿可以在到达欧洲后进行。

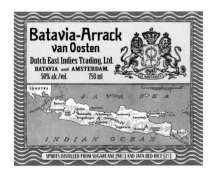

巴达维亚亚力酒，以前经典的朗姆潘趣酒的基酒，现在再次上市。

熟化

朗姆酒是世界上较早被有意陈酿的酒之一。有些国家的法律规定朗姆酒只有经过陈酿才能称之为朗姆酒；比如在古巴，只有在木桶中窖藏2年才能被称为朗姆酒。

对橡木桶的充分了解会对朗姆酒的酿制裨益良多。毕竟，如果一桶陈酿朗姆酒的品质有70%来自于橡木桶和酒液之间的相互作用，那么橡木的品质和特性就至关重要了。

之所以使用橡木桶，因为它不但密封性好，而且透气性佳。酒液保存在桶中，但是氧气（和酒精蒸气）可以通过。橡木桶持久耐用，可以使用很长时间。制桶也很简单。最重要的是，它还自带香味。

波本威士忌酒业的木桶是迄今为止使用最为广泛的。它们是由美国橡木（白橡木）制成，可以给酒液加入香草、椰子、巧克力和甜蜜的味道。农业朗姆酒的生产商有使用干邑桶的传统，由法国橡木（无梗花栎）制成，味道紧致，可口辛辣，有香草味。

不太常见的是西班牙橡木（夏栎）制成的雪莉酒桶，它会增加丁香、松香、水果干和单宁的味道。布鲁加尔和四方这样的酒厂在这些方面成绩斐然，后者也开始探索其他加强型葡萄酒（和普通葡萄酒）的桶型。

橡木参与了风味慢慢积累的过程。它给酒液上色，让口感柔化，赋予了成品独特的气质。

木桶熟化机制

朗姆酒装入木桶后，一些刺激性的元素会首先被去除，要么是通过蒸发，要么是通过木桶内壁上的一层碳化物（大火在橡木桶内燃烧后形成的"鳄鱼皮"一样的物质。），就像炉灶罩上的碳化物。

木桶的内部还会经过烘烤。这会释放出木材中的芳香物质，激发出诸如椰子、香草、辛香和可可的味道。烘烤还会产生单宁，赋予酒液颜色和紧致的口感。所有这些都渗透到酒液中，与蒸馏过程中产生的味道相互碰撞，使朗姆酒有了丰富的层次。

木桶越新，对酒液的影响越大。在新木桶中陈酿3年的朗姆酒会比使用过多次的木桶陈酿的朗姆酒展现出更多的橡木熏染味。再次填装的木桶仍会增添香味，只是更加含蓄。

后期培养

作为农业朗姆酒酿造商采用的一种方法，后期培养就是在熟化的过程中进行人工干预。新酿出的酒液会在新的木桶中放置较短的一段时间，稳定下来并吸收橡木桶的香味。然后将酒液倒入一系列比较老的木桶中，以更温和的方式熟化。为了确保在整个陈酿过程中酒桶都是满的，调配师还会定期将同一批次的酒桶中的酒液都放出来，重新灌入数量更少的酒桶中。这也会让橡木和氧化作用产生不同的影响。

另一种被蔗园（Plantation）、（布里斯托烈酒厂（Bristol Spirits）和威廉姆斯与亨伯特（Williams & Humbert）这样的装瓶商采用的技术叫"收尾/转桶"或"二次熟化"，即把朗姆酒从原来的酒桶中取出，灌入诸如装过雪莉酒的新酒桶中陈酿一段时间。

最要不得的就是过度使用木桶，仅仅把它当作容器，而不是参与酿酒的一分子。

壶式蒸馏出的浓烈朗姆酒需要时间来充分柔化，而淡朗姆酒却能很快获得橡木味。朗姆酒调配师需要对这些参数烂熟于心。

气候

随着朗姆酒的熟化，酒桶也在呼吸，吸入氧气（有助于改变芳香），呼出酒精。气候越炎热，呼吸作用的速度就越快。不仅氧化的过程会加速，酒液的体积也会减少，朗姆酒和木桶之间的相互作用也会加快。

在加勒比地区，朗姆酒的成熟期比在欧洲要短。同样的朗姆酒在欧洲陈酿五年与在加勒比地区陈酿五年后得到的是完全两样的玉液琼浆。后者会比在凉爽气候下熟化的朗姆酒具有更加浓重的橡木香味。当你看到朗姆酒标上酒龄的说明时，请记住这一点。

E&A舍尔公司的首席调配师卡斯滕·弗莱尔布姆带我品尝在牙买加陈酿的沃斯公园Worthy Park的一系列朗姆酒时向我展示了这种变化。陈酿1年的朗姆酒有细腻香甜的果味，还有淡淡的橡木香味，陈酿2年则变为干涩的辛香和葡萄干味。陈酿3年就会产生雪松味和更丰富的味道。陈酿4年之后，木桶味就会压过其他所有味道。

如果朗姆酒吸收木桶的味道过快，那么就需要用更高比例的"再次灌装"木桶，使酒液更加温和细腻。经过陈酿的朗姆酒与仅仅以酒桶上的香草素为主导作用的朗姆酒在质量上是有区别的。

另一个选择是将陈酿的酒窖设在一个凉爽的区域，许多中美洲及拉丁美洲的生产商都采用这种方式。以萨凯帕为例，它的酿酒厂海拔275米，而它的酒窖位于海拔2300米的克萨尔特南戈（危地马拉第二大城）。

舍尔公司将他们的朗姆酒在加勒比地区最多陈酿5年，然后就运往更凉爽的阿姆斯特丹或利物浦，这样橡木的味道就会大为减少。

气候条件、橡木品质和木桶活性都会在朗姆酒陈酿过程中大有作为，对这些特点了然于胸，就能激发出朗姆酒更多的可能性。

生产

在热带地区陈酿会对朗姆酒的味道产生
显著影响。

萨凯帕的索莱拉系统

索莱拉系统有许多不同类型。危
地马拉的生产商萨凯帕无疑拥有最复
杂的综合系统，包含了静置熟化、后
期培养和索莱拉系统。在进入索莱拉
系统之前，朗姆酒会在不同的桶型
中陈酿：波本桶、烟熏过的欧罗索雪
莉桶、然后是 P. X 佩德罗·希梅内斯
（Pedro Ximenez）雪利酒雪莉桶（如
果是 XO 级别的，就是干邑桶）。此外，
每当朗姆酒液转移到另一种桶型的时
候，就会加入一些陈年较久的储备酒
液，同时转移出的酒液也会有一部分
混合到储备酒液中。

调和

大部分朗姆酒都是经过调和的：调和了木桶的类型、自
身的风格、酒厂的特色或是当地的风土。调和的过程充满了
创造性与活力，它确定了酒精浓度，打造了一致性，并树立
了朗姆酒的气质。

如果酿酒厂只生产一种类型的朗姆酒，那么调配师可以
利用不同酒龄的酒液，或是不同木桶中的酒液打造出纷繁复
杂品类。例如，圣克罗伊岛的克鲁赞就采用这种形式。哈瓦
那俱乐部则另辟蹊径（见第 57 页棕色框内）。

使用不同酒龄的酒液也会增加丰富性。年轻的朗姆酒具
有活力而又新鲜，年代久一些的则贡献厚重感。首次灌装的
木桶会增加香草的味道，再次灌装的木桶则能让朗姆酒展现
自身个性。

有些酿酒厂可以通过不同的蒸馏器酿制出不同品类的
朗姆酒，壶式蒸馏出的厚重，柱式蒸馏出的细腻。这些拥
有不同特质、在不同酒桶中陈酿出的朗姆酒也可以被调和

生产

这项技术来自雪莉酒酿制业，被许多拉丁美洲的朗姆酒生产商所使用。索莱拉系统由多层酒桶组成，每一层都装有平均年份相同的朗姆酒：陈酿时间短的在顶部，陈酿最久的在底部。当朗姆酒准备装瓶时，必须从底部最下面的一层木桶中取出所需的量。然后倒数第二层中等量的液体就会流入最底层木桶，倒数第三层的流入倒数第二层，以此类推。没有一个木桶会被完全清空，这就意味着总是有越来越丰富且不同年龄层的酒液在桶中混合。底部木桶中这些强劲的风味同化了新注入的酒龄短的朗姆酒，使其保持同一特色。

在一起，四方酒厂、德梅拉拉酿酒厂和艾普顿庄园就采用这种方法。

百加得的首席调配师胡安·皮涅拉·格瓦拉（Juan Piñera Guevara）讲道："我们一直在努力寻找新的风味类型，主要通过研究发酵条件，蒸馏过程，木桶的使用；陈酿时间和装填方式；木桶强度；熟化过程中几种酒液的混合；等等。"换句话说，调配师在整个流程中都必不可少。

为了解调和这一过程的潜力，我拜访了阿姆斯特丹E&A舍尔公司的首席调配师卡斯滕·弗莱尔布姆（Carsten Vlierboom）。首先，我们探讨如何给淡（未陈酿的）朗姆酒增添特色。酯含量为普鲁莫级别的朗姆酒强劲并有葡萄干味，酯含量是伟德伯恩级的则带来热带水果香、果皮味和牙买加朗姆酒特有的刺鼻气味。加入一滴酯含量是欧陆风味级的朗姆酒就会带来满满的菠萝味道。配制出的酒液口感变甜了，但其实并没有加糖。"这样调和，根本就不必加糖。"卡斯滕说道。

然后他向我展示了如何将来自同一家酿酒厂用木桶陈酿的不同酒龄的朗姆酒调和在一起，让整体酒液的层次更加丰富，以及如何将一种自身橡木味很重的朗姆酒塑造成调和酒的结构。

最后，我们研究了如何把来自各国的朗姆酒调和在一起，我们选用了来自危地马拉的陈酿朗姆酒（咖啡豆香、咸辛味和油腻感），来自巴巴多斯的陈酿朗姆酒（香草味和香蕉圣代味），来自尼加拉瓜的陈酿朗姆酒（巧克力味和微酸的清新感）等。在清淡、陈年的朗姆酒基础上混入以上任意一种或组合，都会增加酒液的层次、复杂性和芳香。即使选择范围很少，也能产生很大的可能性。

在创造出一款风味类型后，调配师必须将其贯彻始终——即便日后酒精浓度提高了，甚至是酒厂停产。最终责任都由他们承担。

调节

给朗姆酒上色是一直以来的惯例，使用酒用焦糖或以糖蜜为主的溶液都可以。这是制作海军风格朗姆酒的标准做法。上色的过程不仅会改变朗姆酒的颜色，还会影响它的口味，增加了苦味和甘草的味道。木桶陈酿的朗姆酒也可以

哈瓦那俱乐部的基础酒

哈瓦那俱乐部的单一蒸馏酒要经过2年的陈酿才能被归类为朗姆酒，然后再与高度的甘蔗酒精调和。通过调整烧酒和烈酒之间的比例，各式俱全的基础朗姆酒（bases frescas）诞生了。如果一款基础酒中烧酒与高度朗姆酒的比例是9:1，那它的味道会与二者比例为1:9的基础酒截然不同。这些基础酒被放入再次灌装的木桶。在陈酿的过程中进一步调和，每种调和出的基础酒都会以一定比例被保留，参与下一步的熟化。

最终产生了大约20种基础酒，所具有的芳香包罗万象，有天竺葵、焦糖布丁、菠萝、巧克力、茉莉花、香根草和无花果，不过很少会有木质的味道。这些基础酒的各种排列组合所具备的潜力让人叹为观止。

牙买加阿普尔顿庄园的乔伊·斯彭斯，第一位打破传统的女性调酒大师。

用酒用焦糖上色。这主要是为了让不同批次之间的酒色保持一致。

在装瓶之前，一些公司会在朗姆酒中加入糖溶液。这是目前朗姆酒业面临的最棘手的问题。牙买加的生产商——还有在巴巴多斯和马提尼克岛，都禁止加糖——他们认为应该强制厂商公布朗姆酒中的含糖量。

要全面禁止加糖肯定是天方夜谭。我认为，酒标上可以注明未加糖的信息，就像有些威士忌酒标上会注明未经焦糖上色或未经冷却过滤。更理想的是，应该有一个含糖量上限的标准，就像对卡莎萨和干邑的规定。

本书使用指南

可能你已经快速翻阅了本书，发现有110种朗姆酒潜伏其中。你甚至可能注意到本书在用一种全新的角度解读每一种酒。大概你的脑海中已经出现"问号"了吧。

答案很简单。一杯朗姆酒在手，如何能享此佳酿？如果朗姆酒如此多才多艺，那么怎样才让它在一众时髦调饮中大放异彩？或是在鸡尾酒中独显其能呢？

本书选录了主流品牌的朗姆酒，市面上常见的朗姆酒，还有一些不太知名但具有某种典型风格的朗姆酒。很遗憾，由于篇幅所限，无法对卡莎萨着墨更多，还因种种原因，香料朗姆酒品牌也未涉及。希望书中这些精选的朗姆酒能让你换种角度看待这位老朋友，回想一下那些年错过的朗姆酒，再结交一些新伙伴。

评分系统

5* 顶级。
一定要尝的酒。朗姆酒和调饮的完美融合。

5 极品。
朗姆酒和另一种饮品的口感得到了增强，超越了二者相加的效果。

4.5 介于极品与优质之间。

4 优质。
调饮让朗姆酒的特质充分释放。

3.5 介于优质和良好之间。

3 良好。
好喝又平衡。
我会乐于喝上一杯。

2.5 介于良好与不妙之间。

2 不妙。
朗姆酒的口味没有被激发出来，各种元素之间也缺少碰撞。

1 别试了。

N/A 不适用。
有些朗姆酒最好纯饮。

以上评分标准只适用于混饮，不针对朗姆酒本身，每种朗姆酒都有自身的固有特质，阅读赏味笔记看看它们各自表现如何。有些朗姆酒纯饮最佳。大多数要调饮的配合才能施展一番；全才全能怎么喝都好的朗姆酒绝对是凤毛麟角。

内幕

朗姆酒可谓是百变佳人，但无论你品尝的是白朗姆、淡朗姆、浓烈的、壶式蒸馏的、陈年的亦或是海军朗姆酒，有些东西万变不离其宗。你总是在寻找一种平衡感、复杂度和独特性。干涩感是否压制了甜味，还是相反？有没有足够的清淡元素来平衡厚重感？品尝朗姆酒时，是一系列香气与味道铺天盖地而来，还是仅有一种？你能否品出朗姆酒产自何处，如何酿制，又有什么独特的个性？

现在请举起酒杯轻嗅。别忘了这是一种烈酒，强烈的酒精味可能会让你的鼻子感到灼热。体会最初的气味：是甜还是干？清爽还是厚重？浓烈还是温和？

现在再次举杯细闻：是果香还是花香？如果是果香，是哪种水果：热带的、干燥的还是酸爽的？如果有辛香味，是哪种香料？你能分辨出来自木桶的香草味或巧克力味吗？放松下来，让芳香从你的鼻尖蔓延开去。别急着深吸一大口气，你的鼻子会应接不暇。请把朗姆酒当作朋友，深交慢品。

现在可以轻呷一口，体会酒液的质感。是辛辣还是柔顺，干涩还是甜蜜？它在你的舌尖舒展开去还是横冲直撞？再品一口。这一次把注意力集中在各种风味以及它们在哪里产生。你会确认刚才闻到的气味并未描度酒液的平衡感。每种朗姆酒都有它自己的特色，口味也会发展变化。

现在兑一些水后重复这一过程。水能让酒精浓度下降，并且有助于让酒液释放出芳香。

要时刻警惕那些破坏朗姆酒和谐感的元素。是不是太油腻了？那是杂醇油的作用。是不是中性的？那是伏特加，不是朗姆酒。余味是不是很甜，表明加了大量的糖？

现在最重要的就是放松下来享受吧。就像其他美酒一样，朗姆酒的存在就是为了让你的脸上绽放出笑容。

朗姆酒怎么喝

为什么要调在一起喝？朗姆酒会赋予与之混合起来的饮品一种新生命，这正是它的优势所在。与其他烈酒不同，人们了解朗姆酒非常适合用来调制混合饮料。那么问题来了，应该用哪些调饮搭配？原因又是什么呢？

先回答后一个问题，因为朗姆酒可以贡献包罗万象的风味和特性。简单来说，每一种朗姆酒都有果香、花香、辛香以及甜度和干度——而且各种味道都很平衡。果香会轻抚你的味蕾；花香最为饱满浓郁；辛香则让余韵回味无穷。所有这些香气都会各自与调饮产生互动。

当加入调饮时，朗姆酒所有的特质都得到了增强。一款成功的调饮不是稀释或盖过朗姆酒的味道，而是以己之长为朗姆酒锦上添花，打造出全新的口味与质感。碳酸让口感跳跃而且持久；酸味可以打破朗姆酒的厚重感（还能平衡甜度）。当你搅动手中的饮料时，玻璃杯中正在发生玄妙入神的反应呢。

调饮

所以，到底选择哪些调饮呢？我问了好些爱好朗姆酒的朋友。谢天谢地，我们对下面这四种饮料达成了一致。每种饮料都是以2∶1的比例与朗姆酒混合。这就是朗姆特饮！

椰子水

确实，椰子水有益健康，不过实话实说：喝朗姆酒加椰子水没法让你减肥、补充钾元素或是更健美。不过，这仍是个超棒的组合。椰子水微甜（查看含糖量，如果可能的话使用加甜菊糖的），但略带咸味/矿物质的味道，并有浓浓的坚果味道。也就是说，复杂性高。坚果味与橡木味发生反应，甜味和果香味产生碰撞，咸香味扩展了口感。而很多朗姆酒也都具有矿物质特性。这是顶级的搭配。一定要用冰镇的椰子水，并适度混合。

椰子水是经典的朗姆酒调饮。

姜汁啤酒会给朗姆酒混合饮品加入气泡和辛香。

克莱门小柑橘汁（Clementine Juice）

果肉果汁不难想到，问题是哪一种最佳。百香果可以用，但是和杧果一样，都不太清爽。菠萝呢，菠萝味又太重；西柚太酸涩；橙汁太甜。小柑橘汁刚刚好。克莱门氏小柑橘是橘子中最小的一个分支，它是地中海柑橘和甜橙的杂交品种。这就将它置于橙子口味的阵营，同时它也具备西柚的酸涩口感。酸度是灵魂，它让朗姆酒有通透感，这种同样来自热带的水果也找到了它的天然伴侣。小柑橘汁配合朗姆酒恰到好处，与陈年朗姆酒的组合最为惊艳四座。

姜汁啤酒

这位搭档可以提供辛辣味和碳酸气泡。生姜增加了辣味，提升了辛香感，同时激发出花香的前调，并延长余韵。作为一个姜汁啤酒发烧友，我认为芬味树牌（Fever-Tree）最好。它由三种生姜混合酿制：产自象牙海岸的生姜芬芳、产自尼日利亚的辛辣、产自科钦的泥土气息。蔗糖增加了甜度，高含量的碳酸让气泡充足持久。

可乐

朗姆酒的默认搭配。可乐有香草味，和朗姆酒很配；可乐中还有红色果实，也很配。它甜度足够又比较柔和。混合起来效果如何？总体来说可乐是评分最低的调饮，但调制出来的饮品却很可口而且适合成年人。最棒的朗姆可乐是我的哥们儿瑞恩·切蒂亚瓦达纳（Ryan Chetiyawardana）调制的（配方如下）。

朗姆可乐漂浮（RUM'N'COKE FLOAT）

50毫升（1盎司）金朗姆酒
....
20毫升（¾盎司）可乐糖浆（用盒中袋包装的浓缩可乐）
....
1个鸡蛋
....

先干摇然后再加冰摇，双重过滤后倒入可口可乐弧形杯，最后再用青柠皮装饰。

本书使用指南

大吉利是检验白朗姆酒品质的利器。

朗姆鸡尾酒

现在朗姆酒要在鸡尾酒中一试身手了。在鸡尾酒的世界，简约就是王道，这才能让烈酒焕发出光彩，但你也会看到，朗姆酒在这里经受的严峻考验。

大吉利

这要用到（非农业的）白朗姆酒，原因是，难道还有更好的选择吗？大吉利是一款经典混饮，同时也是最为严厉的监工，能发掘出朗姆酒的平衡度、品质和复杂性。如果你品尝不出基酒的味道，或是基酒的口味没有被加强，那你可以换一杯酒了。

显而易见，有无数种方法来制作一款简单的饮品。我想要的是一个平衡的配比，既有足够多的青柠带来酸爽刺激（让口感跳跃），也有足够少的糖能让朗姆酒的味道脱颖而出。

我可不打算借用（没准会搞坏）老婆的搅拌机来制作。总之，我嗜好摇出来的大吉利，更何况我15岁的女儿正要学习调酒。可别说我剥削儿童，这是学习生活技能。

60毫升（2盎司）朗姆酒

20毫升（¾盎司）青柠汁

15毫升（½盎司）2∶1的单糖浆（见第208页）

冰块

将所有原料加入冰块摇匀，然后滤入玻璃杯中。

本书使用指南

古典

这款朗姆鸡尾酒写在纸上看似简单，可你要不亲手制作就只能是纸上谈兵。想想看，加入糖会强调朗姆酒本身的甜，而苦精的过度萃取和极度不平衡的苦味就彰显了出来。当它发挥作用时，一切都天衣无缝，呈现出朗姆酒最完美的状态。

1茶匙2:1单糖浆（见第208页）或1块方糖

3块冰

6滴真谛牌老时光芳香苦精

6滴安高天娜橙味苦精或橙子皮

60毫升（2盎司）朗姆酒

古典鸡尾酒的做法是把苦精滴在方糖上，用水调开，然后放入其余原料搅拌。我走了个捷径，将一块冰和单糖浆放入玻璃杯，滴入苦精，搅拌，然后加入朗姆酒，再加一些冰，再次搅拌，放置一会儿再饮用。

乡村姑娘

卡莎萨要怎么喝呢？强劲却顺滑，充满青草气息又不乏甜蜜。非常棒的酒。下面是我喜爱的配方。

¾个青柠，切成块

15毫升（½盎司）2:1的单糖浆（见第208页）

冰块

60毫升（2盎司）卡莎萨

将青柠和单糖浆放入古典杯并轻轻搅拌。然后加入冰块和卡莎萨。

小潘趣

我在马提尼克岛的第一天，坐在酒店的酒廊，一个小托盘放到我面前。上面放着一瓶农业白朗姆酒、糖和一些青柠。"小潘趣？"服务生问道。"好的，谢谢。"然后他便离开了。我坐在那里，琢磨着他是不是忘了点儿什么，然而并没有：我必须自己来做小潘趣。这样做很明智，因为每个人对酒精、甜度还有青柠的耐受程度都不尽相同。所以下面是我所喜好的小潘趣配方。可能与你的略有不同。

60毫升（2盎司）农业朗姆酒

10毫升（⅓盎司）甘蔗糖浆

青柠皮，切成椭圆形

冰块

把冰块放入古典杯然后再将原料加入并搅拌。切青柠皮的时候留一点点果肉在上面，这样油酯，而非果汁——就能融入酒中。

朗姆酒风味地图

朗姆酒的多样性也带来一个问题，面对浩如烟海的品类，人们很容易迷航。我想一张朗姆酒风味地图或许会有所帮助。我用香气和口味来确定每种朗姆酒的坐标（见第66、67页图），来让大家了解朗姆酒是多么丰富多彩。

地图详解

纵轴的底部是"清新味"，顶部是"橡木味"。地图是二维的（而朗姆酒是三维的），需要从两方面去解读。首先是木桶的影响。

当你沿纵轴向上方移动，木桶对酒液的影响也随之增加。不出所料，你会发现白朗姆酒都聚集在底部。当然，有些白朗姆酒是在橡木桶中陈酿然后再过滤掉颜色，因此并不是所有白朗姆酒都在一条水平线上。

从下面两个象限内上方四分之一的部分开始，木桶的风味出现了，在这一区域干橡木和香草的味道开始融合。一旦过了横轴，橡木味就稳稳成为主导。到达顶部，橡木桶释放出的单宁会愈加突出。

同时，纵轴也用来衡量酒体的轻重，最轻质的朗姆酒在底部，顶部的则是酒体最为饱满的。这样，在衡量橡木桶味的同时，酒液的重量以及饱满程度也被考量。这就意味着柱式蒸馏出的轻质透明的朗姆酒在最下方，而壶式蒸馏出的厚重的朗姆酒都在上方。这也是有些白朗姆酒位置靠上的原因，它们的酒体比较重。

横轴也是从两方面去解读。简言之，朗姆酒的甜度从左至右逐渐升高。纵轴的左侧是以蒸馏过程为主导的朗姆酒。也就是说以新鲜甘蔗汁味道为主的朗姆酒位于左侧。

你不但会发现农业白朗姆酒在这个区域，其经过陈酿的品类仍主要是甘蔗汁的味道，也属于这一区域。来自同一生产商的陈酿和未陈酿的品类通常都在一条垂直纵线上排列，这也体现出厂商的自身风格。

形形色色的朗姆酒——怎样识别?

在横轴上向右移动时，果味开始增加，横轴中间的部分是热带水果和蜂蜜的味道。

壶式蒸馏出的有刺鼻气味的朗姆酒，尤其是产自牙买加的，也在横轴的左侧，因为通过蒸馏过程产生的富含酯类的香气与甘蔗汁朗姆酒的特色有异曲同工之处。虽然该品类经过陈酿的朗姆酒会展示出更浓郁的果香和皮革质感，但这反应了其总体的丰富性，因此在横向上并没有大幅靠右。

在纵轴右侧，最显著的特征就是甜味。主要表现为水果味、果酱味或糖的衍生品味。因此较甜的白朗姆酒都在右下方的象限。同样，圭亚那或拉丁风格的厚重、甜味的木桶陈酿朗姆酒都在右上方象限的最远端。

本书使用指南

木桶味和饱满度

海军上将罗德尼陈年

朗姆朗姆自由2015　艾普顿庄园12年稀有珍藏

蔗园朗姆酒牙买加2001　　凯珊XO

蔗园20周年纪念XO

多利12年

古巴圣地亚哥25年陈酿　　　凯珊黑桶

内森2004单桶（2015年装瓶）

JM朗姆酒XO（2014年装瓶）　　克鲁克拉陈年朗姆酒特别珍藏　　考克斯波VSOR

史密斯和克罗斯　　　　　　　　　克鲁赞单桶

JM朗姆酒2003（2014年装瓶）　卡罗尼15年，维勒　哈瓦那俱乐部大师臻选　RL 希尔10年

蓝便士XO单一庄园004批次

荷马克莱蒙特酿，超龄　卡罗尼1999（2015年装瓶），朗姆国度　　　　　　　　　班克斯7黄金陈年调和酒

巴利2000　　艾普顿庄园珍藏　　富佳娜12年　　圣卢西亚酿酒厂董事长珍藏版

巴利琥珀朗姆酒　　魔鬼份额　　罗恩·杰里米　　印第公司拉丁

印第公司牙买加海军浓度5年　哈瓦那俱乐部7年

真麦考伊5年

三河VSOP特别珍藏　　邦德堡小批量　　唐Q陈年佳酿

干度和酸爽

巴班库特别珍藏8年　　圣尼古拉斯修道院5年
★★★★★

元素8黄金　　巴塞洛皇室佳酿

海地珍藏布里斯托尔经典朗姆酒，2004年酿制　　　　　　罗恩蒙特罗珍藏

朗姆酒吧金朗姆酒4年　　萨瓦纳特酿5年

比拉陈年朗姆酒（超龄）　　　　　　　　巴塞洛陈年佳酿

四方酒厂维勒驻地系列2013（2015年装瓶）　阿布罗老爷爷陈年

梅赞XO牙买加　布莱克威尔黑金朗姆酒

OVD老桶德梅拉拉

美雅士黑朗姆酒　　兰姆海军朗姆酒

哈瓦那俱乐部3年

卡纳布拉瓦3年　　圣特雷莎克拉洛

朗姆火焰超烈白朗姆

朗姆朗姆PMG　乌里叔侄超烈白朗姆酒

JM白朗姆酒　内森白朗姆酒　朗姆酒吧超烈白朗姆酒

＊萨瓦纳朗潭浓香

克鲁克拉白朗姆酒　巴利白朗姆酒　　　　　　　　　布鲁加尔卡尔塔白朗

克莱蒙优选甘蔗　　　　克拉克法院超烈纯白朗姆酒　　元素8白金　清新味和轻盈度

克莱蒙蓝色甘蔗2013　　　　　　　唐Q水晶

萨尤克莱因酒

图解

埃尔多拉多15年　　多斯马德拉斯奢华双重佳酿

　　　　　　　　萨凯帕索莱拉23年珍藏

帕姆佩罗庆典独家珍藏　　多斯马德拉斯

赛拉　　埃尔多拉多12年

　　　　　　　　　外交官精选陈年

百加得法昆多艾喜莫10年

　　阿布罗老爷爷12年珍藏

　　帕萨姿火药烈性朗姆酒

　圣特雷莎1796陈年索莱拉

　朗姆国度秘鲁8年陈酿

　卡特维奥XO　酋长500陈年特级珍藏

　布鲁加尔1888特级珍藏

　卡特维奥索莱拉12年　　　　甜度和柔和

百加得8年陈酿黑朗姆酒

宝特兰索莱拉1893

　阿穆老波特

　玛督萨典藏　老僧侣7年

高斯林黑海豹百慕大黑朗姆酒

　安高天娜1919　麦克道威尔1号庆典

　古巴圣地亚哥白朗姆酒

　宝特兰佳酿白朗姆酒

　　　玛督萨白金

得超级，传承限量版

　丹怀白朗姆酒

- 白色朗姆酒和超烈朗姆酒

- 陈年拉丁朗姆酒

- 加勒比英语地区陈年朗姆酒

- 农业朗姆酒、法属地区朗姆酒和海地朗姆酒

- 世界朗姆酒

- 海军朗姆酒和黑朗姆酒

说明:

＊出于一致性的考虑，两款产自萨瓦纳的朗姆酒在本书品鉴部分放在法属地区朗姆酒部分。但是实际它们都是由糖蜜酿制，因此在风味地图中另作归类。

在家调制

你可能会纳闷香料朗姆酒怎么没有出现。我尝了几款都质量不佳，只好决定弃置一旁了。不管怎么说，自己来调制会更有乐趣。

香料朗姆酒

将一整瓶淡金朗姆酒倒入一个大玻璃瓶，然后加入以下配料：

3支香草荚

3颗丁香

1个肉桂棒

5颗多香果

5粒黑胡椒

1颗大料

¼茶匙豆蔻粉

4片生姜

一个橙子的果皮

密封储存，每天翻动一次。4~5天后就做好了。可以根据口味加适量的糖，然后就可以过滤装瓶了。

风味朗姆酒

法属地区的每间酒吧都会在显眼的位置摆一大罐风味朗姆酒，里面有各种香料和水果。许多互联网上的供应商也销售包装好的香料。搜索"风味朗姆酒配料包"（*preparation pour rhum arrangé*）就可以找到。

在左侧香料配方的基础上还有一个法式版本，需要2升（3½品脱）白朗姆酒，所以原料用量要加一倍，再加入1个辣椒，一小撮小茴香，5个枇杷核，10茶匙红糖，然后放置三个月。

或者只是把一两个水果浸泡在酒里，比如菠萝。过去"菠萝朗姆酒"可以指口感浓郁，有菠萝香气的牙买加朗姆酒，也可以指浸泡了菠萝的朗姆酒。这在18世纪和19世纪非常流行。

将一瓶金朗姆酒和50克（2盎司）糖倒入一个大玻璃瓶中。搅拌直到糖溶解。加入一块拇指大小的姜和熟透的菠萝块。浸泡一天就可以喝了——如果你喜欢泡时间长点也没问题。[此处感谢瑞恩·切蒂亚瓦达纳在其《与莱恩先生和朋友们一起畅饮》（*Good Things to Drink with Mr Lyan and Friends*）一书中提供的妙招]

或者……如果你不想那么麻烦，那就买一瓶蔗园出品的菠萝朗姆酒（带有"Stiggins Fancy 1824 Recipe"标志的）。那真是精妙绝伦。

朗姆酒

接触朗姆酒越多，你越会发现并没有一个固定的"朗姆酒"这种东西。毋宁说朗姆酒是个千变万化的概念。

朗姆酒可以是透明的、金色的、黑色的；可以是清淡的、浓重的；可以调味也可以加香料。它们可以单独陈酿也可以在多国混合。膏泥状的糖蜜、糖浆或是甘蔗汁都能酿出朗姆酒。它既能如充满律动的放克音乐一般上头，也能如浅吟低唱般清淡。酒液酿出后可以直接饮用，也可以陈酿。可以用新桶、老桶、波本桶、雪莉桶或是干邑桶。静置熟化或是索莱拉熟化都可以，二者的结合也可以。

朗姆酒顺势而为的能力在烈酒界首屈一指，其他对手只能望其项背。这是朗姆酒的最大财富。下面，就让我们开启探索世界上最棒的110款朗姆酒的旅程吧。

白朗姆酒和超烈朗姆酒

有一种观点认为白朗姆酒就像伏特加：没经过木桶陈酿就上不了台面。换句话说，如果配料中需要白朗姆酒，那你只需随手拿起一瓶就可以了。毕竟，用哪种都一样，不是吗？呃，不是的。当然，有些白朗姆酒确实属于中性酒的范畴，但大部分都有自己的个性——就像人一样——也有自己的喜好。

原料或为糖蜜或为甘蔗糖浆，蒸馏方式可能是多柱式也可能是壶式，使用不同的酵母，放入木桶熟化，通过过滤，还有酿制的传统，所有这些都让朗姆酒总体来说清淡但不乏特色；只是这种特色通常藏在一种更细微不易察觉的层面。我之所以说"通常"，是因为这里还潜伏着超烈朗姆酒，你绝不敢在漆黑的夜晚轻易尝试，它可不是什么软骨头。

总的来说，克莱门小柑橘汁和椰子水是这类朗姆酒的最佳伴侣，小柑橘汁在超烈酒的领域有绝对的统治地位。可乐作为白朗姆酒的默认搭配，最缺乏新意。

事实证明大吉利鸡尾酒是朗姆酒的试金石。这款酒配料简单，朗姆酒在其中无处可藏，要么口感更强，要么与配料平分秋色，要么味道完全被盖住，成败全系于朗姆酒一身。

百加得超级，传承限量版
BACARDÍ RON SUPERIOR, HERITAGE LIMITED EDITION
酒精浓度44.5%/37.5%

　　百加得使用它自己的酵母菌株来诱导快速发酵。蒸馏采用五柱式系统，会产生两种酒液——一种是清透的redistilado（酒精含量95%），一种是厚重一些，有果味的烧酒（aguardiente，酒精含量80%），经过滤后，它们被放入波本桶分别陈酿至少一年。然后再以木炭过滤去除颜色。

　　我比较了传承版的高酒精浓度装和标准酒精浓度装，传承版的闻香是轻盈的花香，伴有白蘑菇和烟熏味。口感圆润，果香浓郁，微甜，主体酸爽，尾韵略带辛辣。标准装更淡，口感更艰涩，有香草味道。

　　椰子水能与传承版中的花香产生碰撞，还能增加坚果味，而更高的酒精浓度也能压制住小柑橘汁的味道。姜汁啤酒会增添矿物质的味道。这款高度百加得传承能调出超棒的大吉利，而低度的则表现力一般。花香被激发出来，酒精增添了质感，而非灼烧感。当使用标准酒精浓度装时，一切都变得柔和，但它的全面表现仍是不俗。硬要鸡蛋里挑骨头的话，那就是与可乐混合后会产生一种怪异的泡泡糖感。这是一款选了准没错的酒，如果你尝过高度装，一定会流连忘返。

赏味评分

4/2.5	椰子水	4.5/3	克莱门小柑橘汁
5/3.5	姜汁啤酒	3/3	可乐
4/2.5	大吉利		

宝特兰佳酿白朗姆酒
BOTRAN RESERVA BLANCA
酒精浓度40%

　　来自危地马拉的宝特兰是用甘蔗的"蜂蜜"（也就是"糖浆"）酿制的，并使用从菠萝中分离出来的酵母。发酵时间很长——长达120小时——这样有助于产生更丰富的酯类。蒸馏在富含铜的蒸馏塔中进行，在过滤之前要先经过索莱拉系统熟化。

　　干涩的饼干味很快变甜并伴随着一种医药的味道（石膏绷带），之后会更加绵密，带有香蕉皮和柠檬的味道。它仿佛在干与甜之间来回舞蹈：时而爽脆，时而芬芳，就像什锦花盘。该酒口味甘甜，中段略丰厚，后段口感更干涩并有一些清新味道，甚至有一点樱桃味。

　　与调饮混合时，它便会施展一番。与椰子水混合时，会变为一种近乎葡萄酒的清新多汁的品质，带有一丝烟熏味。可乐的厚重感会被它干涩的特质压制住，姜汁啤酒与它混合时则表现平平。最出类拔萃的要数小柑橘汁，浓郁的果汁会激发出酒液中的果香味。不过，别放太多。

　　此款酒调出的大吉利会突出柠檬的味道，直冲你的鼻腔，撞击你的嗅觉，但口感稳定，朗姆酒增添了柔顺感，但在后段会让你体会一丝冲击喉咙的小惊喜。也就是说，它是大吉利不错的选择，有一定的复杂性。

赏味评分			
4.5	椰子水	4.5	克莱门小柑橘汁
3	姜汁啤酒	4.5	可乐
4.5	大吉利		

布鲁加尔卡尔塔白朗姆酒

BRUGAL CARTA BLANCA

酒精浓度40%

布鲁加尔朗姆酒在多米尼加共和国随处可见，以至于你会怀疑给婴儿洗礼的圣水都用它来代替了。它由糖蜜（含有至少5%的可发酵糖）酿制，经过两天的发酵，然后在不锈钢蒸馏塔中进行两次蒸馏，得到酒精含量为95%的原液。

这款白朗姆酒酒体轻盈适中，有些许饼干的味道，随后而来的是柠檬，青杧果和一点点蜡的味道。口感干净，柔和，中段略带甜味，平衡了干度，并逐渐变为梨子和少许咖啡的味道。与水混合后就体现出了该酒的厚重感，正是它厚重的酒体让椰子水变得有些沉闷。

要想在夜晚放松一下，与可乐调制是个不错的选择。姜汁啤酒则会在前段顺滑的口感中加入辛辣味。小柑橘汁的酸度在与之混合后穿透力十足，仿佛置身于沙滩上或者是多米诺骨牌的游戏中。

调制大吉利时，该酒浓郁的口感增加了热带水果风味的层次。这是一款清爽干净的鸡尾酒，甜度适中。我很乐意喝上两杯。

赏味评分

2.5	椰子水	4.5	克莱门小柑橘汁
3.5	姜汁啤酒	3.5	可乐
4	大吉利		

卡纳布拉瓦3年
CAÑA BRAVA 3-YEAR-OLD
酒精浓度43%

这款酒产自巴拿马的拉斯卡布雷酿酒厂，著名调配师弗朗西斯科·费尔南德斯"唐潘乔"（Francisco 'Don Pancho' Fernandez）对其酿制过程关注有加，他在20世纪90年代离开古巴定居巴拿马。这款酒以当地产的糖蜜为原料，使用唐潘乔独有的酵母发酵，经过五柱式蒸馏塔，得到的原液酒精浓度在92%～94%之间。酒液先放入美国橡木制成的新桶中熟化18～24个月，然后放入老桶陈酿12～24个月。

这款酒闻香清新，香气复杂，青草气息下有熟梨子的果香涌动，还有柠檬花的芬芳，以及低调却显著的橡木桶味道。口感适中并带有淡淡的覆盆子叶子的味道，中段口感平衡，丰满圆润中有一抹巧克力的滋味。

这是一款八面玲珑的朗姆酒，就算跟可乐搭配起来会有些平凡，但也很怡人。椰子味在与该酒的混合中被强化了，混饮的广度增加了但又不乏冷静克制，正是这个特性也让姜汁啤酒受益，混合后的饮品带有辛辣的香气。与小柑橘汁的搭配会让人胃口大开。用它调制大吉利更是如鱼得水：香气干爽而清新，口感却圆润得恰到好处，甜味可以平衡青柠的酸度。调出的鸡尾酒在各方面都出类拔萃，堪称经典。

赏味评分			
4.5	椰子水	5*	克莱门小柑橘汁
4.5	姜汁啤酒	3	可乐
5*	大吉利		

唐Q水晶
DON Q CRISTAL
酒精浓度40%

这款波多黎各朗姆酒使用的是该公司在20世纪30年代分离出来的酵母。经过48小时发酵产生的发酵液，经五柱式蒸馏塔蒸馏。得到的朗姆酒在过滤之前要陈酿18个月～5年的时间。

这款酒爽脆清新，几乎像粉笔一样干涩，带有淡淡的青果味道。它口感浓厚，中段有甜味和柑橘的味道，接着是新鲜、悠长、微辛辣的余味。换句话说，这款酒品质精良、经典又现代，有强烈的波多黎各风格，非常适合调制混饮。

椰子水的味道会稍稍占据主导，但混饮的总体口感仍然清新干净。可乐就不同了，一股脑地盖下来，让这款朗姆酒细腻的本性无法发挥。然而，小柑橘汁和姜汁啤酒却能让它散发独特魅力。

这款朗姆酒虽然酒体轻盈，但是调制大吉利却表现不俗，让这款鸡尾酒更平衡，散发出清新的香气，提供足够的驱动力。这股力量驱动着我每次都朝着摇壶的方向走去。

赏味评分

3	椰子水	3.5	克莱门小柑橘汁
3.5	姜汁啤酒	2	可乐
4	大吉利		

元素8白金
ELEMENTS EIGHT PLATINUM
酒精浓度40%

元素8由圣卢西亚的生产商特别打造，是首批尝试打入高端市场的白朗姆酒之一。它由3种蒸馏器酿出的酒液调和而成：柱式蒸馏、传统壶式蒸馏和混合蒸馏/旺多姆柱式蒸馏，使用3种酵母发酵，生产出10种原液酒。然后陈酿4年再进行调和与过滤。

这款酒在纯饮时轻盈并略显尖锐；在糖蜜的味道散发出来之前，矿物质元素会带来紧致的口感，仿佛削尖的木棍或钢铁的边缘。兑上些水可以让草本柠檬的味道散发出来。它的口味比较宽广，味蕾两侧有紧绷感，但更微妙的烘烤过的苹果味道会蔓延出来，余韵很长——与最初的清凛气息相比有很大变化。

该酒在调制混饮时表现尚佳，只是与可乐搭配起来有些平庸；小柑橘汁倒是不错的选择。姜汁啤酒与之混合更富于激情，中段口感醇厚，为混饮增色不少。不过最佳拍档还是椰子水，它清新的香气与元素8乃是天作之合，不妨想象一下它们融合后的轻柔气息。

调制大吉利就不同了。如果凯瑟琳·赫本是一杯美酒，那正是这一款。有野心、活力，还有一种冷酷感。这取决于你所喜爱的大吉利——或者女演员，值得一品。

赏味评分

5	椰子水	3.5	克莱门小柑橘汁
4	姜汁啤酒	3	可乐
4	大吉利		

哈瓦那俱乐部3年
HAVANA CLUB 3 AÑOS
酒精浓度40%

　　这款酒在哈瓦那俱乐部庞大的调制体系中诞生，用的是烧酒和高度甘蔗酒精。这款酒只用一种基础酒（见第57页）与甘蔗酒精混合，而这个基础酒本身已经陈酿了至少3年。该酒的闻香带有干、脆、康乃馨般的味道，就像干枯褪色的稻草，还带有微微的糖蜜、柠檬和李子皮的气味。它的香气颇令人陶醉，混合了油脂、杏仁和杏仁奶油泡芙的味道，并伴着近乎盐水的矿物质气味和绿叶子的气息。它口感清爽、干涩、微微发酸，有浓浓的柑橘味。橡木桶也为它注入柔和的特质——纯净而平衡——中段口味内敛，干而微辛。很讨喜的一款朗姆酒。

　　这款酒是个多面手，无论你是何种心情，它都能把你带到哈瓦那的马雷贡海滨大道。与姜汁啤酒的混饮微妙而复杂，十分惊艳，我猜是橡木桶的作用。与可乐调和就成了成熟的混饮，加入青柠后口味会更佳，椰子水则会凸显酒中泥土的味道，增强了混饮的口味。与小柑橘汁混合的效果恰好相反，酸度是让果汁融入朗姆酒的关键——同样，这是一款比较稳重的饮品。

　　这款朗姆酒中较重的元素让调制出的大吉利厚重、有力道而且平衡。这是必尝的鸡尾酒。

赏味评分

4.5	椰子水	4.5	克莱门小柑橘汁
5	姜汁啤酒	4	可乐
5*	大吉利		

玛督萨白金
MATUSALEM PLATINO
酒精浓度40%

　　玛督萨虽然有古巴血统，但是在多米尼加共和国装瓶。该酒的闻香与干涩的古巴风格也有所不同。想象一下你大吃一顿法式糕点的情形，差不多就是这种感觉。满满的奶油、香草精、奶油糖、荔枝，然后是烟草（很怪异）的味道铺在舌尖上，醇厚而甜蜜，就像吃了一大把奶油糖，余韵有葡萄干味和黄油味，略油腻。这是一款可以作为餐后甜酒的白朗姆酒。

　　这款酒经常与可乐搭配，不过我不太推荐，除非你想喝一杯闻上去像新车内饰的饮料——当然了，有些人可能就好这口呢。姜汁啤酒提供草本味道，而朗姆酒的肥厚抑制了辛辣的口感，让这款混饮散发出诱人的味道。小柑橘汁的酸度有助于平衡该酒的口感，但最出色的是椰子水，它让朗姆酒缓和下来，让前味充满异国情调，是一杯宜人的饮料——尽管有点像融化的椰子味冰淇淋。

　　用它调制大吉利可能会搞砸：全是棉花糖和草莓的味道。

赏味评分			
4	椰子水	3.5	克莱门小柑橘汁
2.5	姜汁啤酒	2	可乐
1	大吉利		

古巴圣地亚哥白朗姆酒
SANTIAGO DE CUBA RON CARTA BLANCA
酒精浓度 38%

这款神秘的古巴朗姆酒已经慢慢开放出口——是个不错的开始。所有的古巴朗姆酒都要经过两年的陈酿，这使得这款酒有一种淡淡的柠檬味，混合着杏花和蜡状香水的香味，让人想起香薰蜡烛。它在味蕾上略显肥厚油腻，能从中尝到蜜饯的味道，随后是玫瑰水、青柠果冻和土耳其软糖的香气，还有糖果的甜味。仿佛正路过街边的老式糖果店。

和姜汁啤酒的混合散发出一股游泳池的刺鼻气味。和椰子水的搭配效果好些，更加平衡并有些矿物质的味道，不过尾调会有些油腻。这款朗姆酒配上可乐可以调出经典的哈瓦那（或圣地亚哥）自由古巴鸡尾酒，酒体厚重带一丝油性。与它最搭配的还要数小柑橘汁，调出的混饮纯净，苦中有甜，味道更浓且平衡。

该酒调制大吉利也算不俗，浓郁的酒液增加了竹子和柠檬花的香气。口味馥郁，但整体短而有力，因此越是小杯冰镇越是有力道。

赏味评分			
3	椰子水	4	克莱门小柑橘汁
2	姜汁啤酒	3.5	可乐
2	大吉利		

圣特雷莎克拉洛
SANTA TERESA CLARO
酒精浓度43%

这款以糖蜜为原料的委内瑞拉朗姆酒经过至少两年的陈酿，从它稻草色的外观可以看出，在陈酿尾声只进行了轻微的过滤。也就是说它并非完全像克拉洛风格那样色味俱淡。首先会闻到一股蜡味，伴着一种纯奶油和蛋挞的甜味。橡木桶增加了柔和的炭烧味，让中段口感坚实，然后就开始散发出甜甜的辛香，还有一丝小茴香的味道。

该酒与可乐混合在一起会产生一种微微怪异的味道，就像在炎热的路面上刹车时的气味，其他调饮都是不错的选择。这要归功于木桶陈酿所带给酒体的一丝厚重感。与小柑橘汁混合后你甚至能品出一点糖蜜的味道。姜汁啤酒则让混饮带有新鲜印度香料的味道——并且让口味更持久。椰子水是绝佳搭配，它为这款复杂性适中的朗姆酒又添一层滋味，椰肉的作用功不可没，而且增加了足够的甜度，与此酒珠联璧合。

这款酒中橡木桶带来的香草和木质的味道会在大吉利中显现出来，使酒香略显混乱，但口味浓厚有活力。虽然不算持久，但总体来说是个可靠的全能型选手。

赏味评分			
5	椰子水	4.5	克莱门小柑橘汁
4.5	姜汁啤酒	3	可乐
4	大吉利		

丹怀白朗姆酒
TANDUAY WHITE
酒精浓度36%

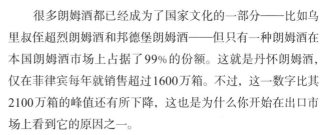

很多朗姆酒都已经成为了国家文化的一部分——比如乌里叔侄超烈朗姆酒和邦德堡朗姆酒——但只有一种朗姆酒在本国朗姆酒市场上占据了99%的份额。这就是丹怀朗姆酒，仅在菲律宾每年就销售超过1600万箱。不过，这一数字比其2100万箱的峰值还有所下降，这也是为什么你开始在出口市场上看到它的原因之一。

该公司成立于1854年，创始人是唐·何塞·乔金·英肖斯蒂（Don Jose Joaquin Ynchausti）、乔金·伊莱扎德（Joaquin Elizalde）和胡安·鲍蒂斯塔（Juan Bautista），他们在布拉干省哈戈诺伊当时现有的一间酿酒厂开始酿制朗姆酒。1869年，一个新的酿酒厂在靠近马尼拉的丹怀岛建成。直到1988年，卢西奥·陈博士（Dr. Lucio C. Tan）才从伊莱扎德家族手中收购了该公司，随后就发起了大刀阔斧的扩张。

这款白朗姆酒纯净清透，显然是经过精心酿制。首先是新鲜的柑橘味，然后是香草冰淇淋的味道，还有微微的杜松子和松枝的气息隐藏其中。比其他淡朗姆酒更凛冽一些。口感就像一边嚼着儿童软糖一边喝着含酒精的美国奶油汽水。由于酒精浓度数比较低，该酒不适合兑水。

或许是意料之中，所有调饮都压制住了朗姆酒的味道。混饮的味道还不错——椰子水还能让朗姆酒有所发挥——但调制出的饮品都谈不上有朗姆酒风格。调制大吉利也是如此。

赏味评分			
2.5	椰子水	2	克莱门小柑橘汁
2.5	姜汁啤酒	2	可乐
1	大吉利		

克拉克法院超烈纯白朗姆酒

CLARKE'S COURT PURE WHITE RUM, OVERPROOF

酒精浓度69%

格林纳达酒厂自1937年起就在伍兰德山谷生产朗姆酒，这款酒以糖蜜为原料，酒精浓度非常高，像水一般纯净，是酒厂的主打产品。你会闻到一股纯净的蒸馏香气，混合了青豆、干橘皮、洋蓟和糖蜜的味道，让人联想到放在热铁皮库房里当归的气味。该酒口感热辣，但有种天然的甜味：橙子、金橘、热带水果。它口感温热而浓厚，多汁的覆盆子味道让酸涩感恰到好处。这款酒风格独特、劲道十足，口味平衡而持久。

用这款酒调制混饮时要大大稀释它的酒精浓度，不过不用对此感到不妥。这款酒被证明十分经得起考验，对各种调饮来者不拒。与可乐混合有种熟透的甜蜜果香，和椰子水调制时虽然入口有些凛冽，但酒液会将混饮带入一种纯净干爽的境界。姜汁啤酒有种天然的亲和力，与该酒的前味融合为一体，还加入了青柠和辛辣的味道。小柑橘汁则与朗姆酒的果味元素结合，冲破它浓厚的口感，让余韵明快清新。

用它调制大吉利就比较棘手了，高浓度的酒精让鸡尾酒很难平衡，青柠的味道也无处安放。这款鸡尾酒不适合弱不禁风的人；或许海明威会喜欢。想到这儿，我用西柚汁代替了青柠汁，瞧：还真不错。

赏味评分			
4	椰子水	4.5	克莱门小柑橘汁
4	姜汁啤酒	3	可乐
3	大吉利		

朗姆酒吧超烈白朗姆酒
RUM-BAR WHITE OVERPROOF
酒精浓度63%

　　沃斯公园庄园（The Worthy Park Estate）位于牙买加的尤伊达斯山谷，自1720年起就一直生产蔗糖。克拉克家族是第三个拥有它的庄园主，自1918年以来一直由其成员掌管。它是为数不多的用自家产的糖蜜酿制朗姆酒的酒厂之一。和牙买加的许多酿酒厂一样，由于需求大减，这家酒厂曾被迫关闭，又在2005年重新开始运营。它坚持使用传统的壶式蒸馏，酿制出酒液酯含量从高至低有广泛的品类。朗姆酒吧这款酒就是其中3种酒液调和而成，经过3种酵母发酵：专用酵母、野生酵母和本厂自制酵母。现在不使用甘蔗渣和废料坑中的原料了。

　　酯类的香气最先散发出来，带着光泽涂料、菠萝和香蕉的气味，衬着微微油腻的味道。闻香猛烈而丰富，所有的一切都变得更完美。口味是淡淡的葡萄干，新鲜咖啡豆，和怡人的泥土芳香。兑水后会激发出茴香的香气，同时还有甘草和糖蜜的味道。太令人满意了。

　　不过，不要尝试将这款酒与可乐搭配。和姜汁啤酒混合后最初会有点抗菌剂的味道，但总体效果还不错，椰子水也是一样，与该酒中的葡萄干味道结合，是一款口感丰富的混饮。将小柑橘汁加入这款酒，会立刻让它沉静下来，增加了平衡感，给人一种清爽的口感，使得朗姆酒的果味得到了延伸，高酒精浓度得到了舒缓。这款酒的刺鼻气味在这几种调饮中都不明显，但是在大吉利中却会一下冒出来。因此保持简单的搭配就好。

赏味评分			
3.5	椰子水	5	克莱门小柑橘汁
3	姜汁啤酒	2	可乐
不适用	大吉利		

朗姆火焰超烈白朗姆酒
RUM FIRE WHITE OVERPROOF
酒精浓度63%

牙买加的汉普顿庄园位于特里洛尼区，是世界上重要的朗姆酿酒厂之一，也是酿制朗姆酒传统技艺的宝库：取甘蔗渣废料，使用野生酵母，发酵时间长达3个星期，然后将发酵液注入笨重如大象的蒸馏壶中，顶部象鼻一样的壶嘴向下偏折，与两个曲颈甄相连。这里是臭味的中心、怪味的天堂，多亏了阿姆斯特丹E&A舍尔公司在调配朗姆酒时对传统朗姆酒特质的信心，使得酒厂的传统技艺存活多年。赫西家族2009年买下汉普顿庄园，在经营方面稳扎稳打，在生产上加大投资，并开始自主装瓶，而不仅仅批量桶装销售。他们标志性的风格就是朗姆火焰超烈白朗姆酒。

该酒的闻香是满满的热带水果气息，有浓浓的菠萝味道，刺鼻的味道明显却不张扬，营造出一种层次感。这背后有种诱人的腐烂感，夹杂着新鲜法棍面包和梨子的味道。口味是菠萝糖浆和一丝指甲油的味道，接着是悠长的饼干般的甜味。兑水会让酒缓和下来，你会品出甘草、香芹根和八角的味道。

这款酒与可乐混合会产生一股鞋油味，对椰子水最好也敬而远之；与姜汁啤酒搭配出的混饮的口感尖利如一场紧张的多米诺骨牌比赛；不过小柑橘汁却能给混饮中投入橙子、菠萝和杧果的味道。这款酒用来调制漂浮鸡尾酒、提基鸡尾酒，或与果汁混合效果都不错——但不要用在大吉利中，否则菠萝味道会横冲直撞。

赏味评分			
2	椰子水	4.5	克莱门小柑橘汁
2.5	姜汁啤酒	2	可乐
不适用	大吉利		

乌里叔侄超烈白朗姆酒
WRAY & NEPHEW WHITE OVERPROOF RUM
酒精浓度63%

这不仅仅是一款朗姆酒。乌里叔侄超烈酒是一种标志。人们不但饮用（理所当然）它，还把它当作药品、护发素，或在宗教仪式中使用。它是牙买加人生活的一部分。尽管这款酒给我的感觉没有往昔那么生猛，但是仍保留了核心的刺鼻味道，还有铺天盖地的新鲜元素感。兑水后，它的味浓本质就体现出来，略带臭味，并有香蕉和草药茶的味道。壶式蒸馏带来的阳刚之味与丝滑的果味，以及有些讨喜的油感，覆盖在味蕾上，带来香蕉的口味，加水后，还能尝到帕尔玛紫罗兰和黑加仑叶子的味道。酒体干涩强劲，内核却甜蜜，这里的关键是平衡。

正是这种品质让该酒在混饮中表现稳定。与椰子水混合有香蕉叶的味道；和姜汁啤酒搭配有薄荷醇的香气，清爽可口；加入可乐会产生轻微的酚类臭味，但入口也有黑樱桃味道，喝起来让人有种罪恶的快感。这款超烈酒的致命武器仍然是小柑橘汁：混饮后的口感多汁，仿佛新鲜摘下的一篮子水果，生机十足——最重要的是——很平衡。你能喝上一整天。出于健康和安全的考虑，我不会推荐它，不过你仍可以我行我素。

当你以为这款朗姆酒中的狂野分子都尽在掌握的时候，大吉利却让它们如脱缰的野马。"香蕉们喝醉了，在开派对狂欢。"我女儿说道。她说的没错，你可以试试看。

赏味评分			
3.5	椰子水	5	克莱门小柑橘汁
4	姜汁啤酒	3.5	可乐
3	大吉利		

陈年拉丁朗姆酒

首先问个问题：你能在不同的朗姆酒之间找到某种程度的共同之处么？它们的原料可能是糖蜜、甘蔗糖浆或甘蔗汁；有些是柱式蒸馏酿制，有些是壶式、柱式蒸馏混合酿制；有些静置熟化，有些在索莱拉系统中熟化。我问自己，除了都来自西班牙语的地区，它们之间还有什么联系呢？

这就是朗姆酒的世界，当你试图归类加勒比英语地区产的朗姆酒时也会遇到类似的问题。拉丁朗姆酒可以被看作是一种风格——尽管是一种很宽泛的风格。如果说讲英语的加勒比地区朗姆酒是根植于牙买加和巴巴多斯的壶式蒸馏朗姆酒，那么拉丁地区的同行们则从19世纪出现的古巴朗姆酒中获得启发：柱式蒸馏酿制，酒体更轻盈。这个定义到现在仍然成立。总地来说，酒龄短的朗姆酒（陈年佳酿级别或同等级别）会比陈年久一些的朗姆酒适应性更强。

调饮中表现最为稳定的是椰子水，其他调饮各有高下。这也在情理之中，因为椰子水干涩的口感有助于增加朗姆酒的坚实感，这个风格的朗姆酒通常都比较甜（有些能甜掉牙）。另一方面，你也会发现有些款是干涩型的。

换句话说，不要一概而论。去发掘每种朗姆酒的闪光之处：酸甜平衡，还是层次丰富？下面会举出一些现象级的例子，对任何朗姆酒爱好者来说都是不可或缺的经验。

低酒龄陈年拉丁朗姆酒

阿布罗老爷爷陈年
ABUELO AÑEJO
酒精浓度40%

瓦雷拉·赫曼诺斯公司（Varela Hermanos）创立于1908年，当时何塞·瓦雷拉·布兰科（José Varela Blanco）开始在巴拿马中部的佩塞镇周围种植甘蔗并在圣伊西德罗糖厂及酒厂（San Isidro Plant and Distillery）生产蔗糖。该厂于1936年开始酿制朗姆酒。如今，这家由第三代家族成员经营的企业还生产金酒和力娇酒。

这款酒闻香干净，带着薄荷的清凉和冰冻覆盆子的气味，接着是粉末感的辛香。这款朗姆酒酒龄短，这种新鲜感带来了让人为之一振的清爽，橡木味不会占据主导，但却增加了微妙的铅笔屑的香气。它的前味中等甜度，虽然在味蕾上的感受要比闻香更清淡更甜一些，但却很平衡，后味非常完整。

该酒与小柑橘汁混合味道不错，不过，少了些朗姆特色，和姜汁啤酒混合味道辛辣，微微厚重。与椰子水和可乐的搭配效果都很好，这有些不寻常，不过与这两款调饮结合的优势各不相同，这也说明了该酒的内核复杂多样。可乐激发出混饮的香草味道，坚果味和朗姆酒中干涩的元素碰撞，产生了平衡感，所以这款酒绝不会是太过甜腻的饮品。与椰子水调制效果也不错，橡木味增加了紧致的口感，却依然让饮品保持丰富的油性。不过，如果调制古典鸡尾酒，你就必须选择一款橡木味十足，复杂而浓厚的朗姆酒了。

赏味评分			
5	椰子水	3.5	克莱门小柑橘汁
3.5	姜汁啤酒	3.5	可乐
3.5	古典鸡尾酒		

百加得8年陈酿黑朗姆酒
BACARDÍ CARTA OCHO, 8 AÑOS
酒精浓度40%

当一个龙头企业进入到一个曾经"专业化"领域的时候，你就会感受到市场上的风吹草动。百加得对其百加得陈酿黑朗姆酒系列的开发，就显示了陈酿朗姆酒这一板块的向上势头。这款酒的陈酿全部使用波本桶，不同灌装次数的木桶都会用到，百加得的两种酒液放入其中熟化，这就是该酒的库存，最少要经过8年陈酿才可以从库存中取酒装瓶。它的闻香混合了淡淡的蜂蜜味和檀香，一丝草本的气息隐隐透出香菜的气味。入口更加醇厚辛香，有酸橙和杏子的味道。兑水会激发出蛋奶沙司和肉桂面包的中段口味，余味是太妃布丁。当然很甜，但却平衡。

姜汁啤酒与许多拉丁朗姆酒都有些八字不合。在这款酒中，姜汁啤酒的味道则完全消失不见了。与小柑橘汁的混饮克制而平衡，甚至可以说优雅；与可乐搭配入口香甜，口感丰厚且适时地紧致。椰子水与该酒完美相融，是一款美味饮品，朗姆酒的风味得到了延伸，同时又增加了丝滑、坚果般的口感。在调制古典鸡尾酒时，会有柑橘味，真正味蕾上的爆发是在中段，爽脆的橡木味、肉质果实和新鲜芫荽叶的味道散发出来。调出的鸡尾酒比较甜，因此要注意平衡。

赏味评分			
5	椰子水	4.5	克莱门小柑橘汁
3	姜汁啤酒	4	可乐
3.5	古典鸡尾酒		

宝特兰索莱拉1893

BOTRAN SOLERA 1893

酒精浓度40%

宝特兰使用甘蔗蜂蜜（糖浆）来酿制朗姆酒，并在索莱拉系统中熟化，你可能会猜想这款酒的原料是否导致它如此甜蜜，是的，和糖浆很像。它散发出焦糖布丁、金橘、泰莓、新鲜烟草和干爽橡木的气味，升腾起来后又有蜂蜡香味袅袅不散。味蕾上先是危地马拉甜香蕉伴着饼干般的爽脆感，然后甜味就生发出来。兑水后会释放出小茴香的味道，同样，中段口味开始变甜。

当我用这款酒与椰子水混合时，我感觉有人在我的椰子水里放了西红柿，又撒了些椰蓉。与可乐的混饮好似果酱，味道很快消失。姜汁啤酒一头扎进气味丛林消失不见。而小柑橘汁则在酒液、果味、单宁、香料的味道之间挣扎。

用这款酒调出的古典鸡尾酒很穿越、很新鲜，原本糖和些许无花果的香气让这款饮品很有潜力，但随后它分裂了：糖和橡木味分道扬镳，无力调和。我想，也就冰块还算加分吧。

赏味评分

3	椰子水	3	克莱门小柑橘汁
2.5	姜汁啤酒	2.5	可乐
2.5	古典鸡尾酒		

卡特维奥索莱拉12年
CARTAVIO SOLERA 12-YEAR-OLD
酒精浓度40%

卡特维奥这款朗姆酒由调配大师弗雷德里克·舒尔茨（Frederico Schulz）调制而成，混合了85%柱式蒸馏的酒液和20%壶式蒸馏的酒液，然后进入索莱拉系统熟化，采用美国橡木桶、法国橡木桶和斯洛文尼亚橡木桶。"12年"有些让人迷惑，因为索莱拉系统的工作原理是木桶永远都不会被清空，你可以把12年看作是新的朗姆酒在系统中陈酿的大概时间。

这款金朗姆酒闻香比较干涩，有淡淡的橡木叶、巴西坚果、西班牙豆浆以及一种干果的甜味，混合着槐花蜂蜜、花园篝火和檀香味。口味在变甜之前有雪莉酒似的枣味。纯饮的时候口感有些钝，加些水就会有全面的味蕾体验。

可乐是大部分酒客最爱的调饮，不过如果你重视牙齿健康的话，还是对它敬而远之为好。你可以选择姜汁啤酒，调出的混饮微甜但仍然很清爽，小柑橘汁的搭配有杏仁饼般的水果味道，或者——最佳选择——与可乐软糖和椰子水混合，绅士俱乐部的一款一本正经的饮品，虽然配方有些古怪。

用它调制古典鸡尾酒会垮掉，味道太甜无法平衡。加冰饮用是最好的选择。

赏味评分			
4.5	椰子水	4	克莱门小柑橘汁
3	姜汁啤酒	2.5	可乐
2.5	古典鸡尾酒		

印第公司拉丁
COMPAGNIE DES INDES LATINO
酒精浓度40%

印第公司是由弗罗伦特·伯伊切特（Florent Beuchet）创立的，目的是向18世纪和19世纪早期欧洲贸易公司进口到欧洲的朗姆酒表示效忠。该公司所有的朗姆酒——有些是单桶，有些是调和的——都在法国装瓶。其产品不使用焦糖着色，但如果加糖的话会标明含量。

拉丁朗姆酒由60%的危地马拉朗姆酒和40%的圭亚那、巴巴多斯和特立尼达的朗姆酒混合而成。因此，拉丁在此处的含义是一种风格，而非产地。它由原料是糖蜜、甘蔗糖浆和甘蔗汁蒸馏出的酒液混合而成，多数经过柱式蒸馏（有小部分是巴巴多斯壶式蒸馏），主要在美国橡木桶中静置熟化。该酒色泽浅白，入鼻干净圆润，有干脆的危地马拉气味，后面微妙的果肉气息让闻香前调呈薄荷醇的味道，接着是奶油酱和淡淡的油脂味。口感是糖果的甜味。

调饮中除了可乐让混饮太过甜腻，其他都有闪光之处。椰子水带来一种奇特的雪茄味道，让口感绵延，增加了朗姆酒的清新感。小柑橘汁也从中找到了不太显眼的焦点，与其中热带水果的香气很好地结合在一起。和姜汁啤酒混合会直冲鼻后，让你头脑为之一振，但味道深邃而清亮。用该酒调制古典鸡尾酒，初尝味道不错，到后面就太甜了。

赏味评分

4	椰子水	4	克莱门小柑橘汁
5	姜汁啤酒	2.5	可乐
2.5	古典鸡尾酒		

克鲁赞单桶
CRUZAN SINGLE BARREL
酒精浓度40%

圣克罗伊钻石朗姆酒公司由马尔科姆·斯科奇（Malcolm Skeoch）创立，他在1910年买下了一家甘蔗种植园并重新开办了其中的酿酒厂。虽然之后就遭遇了禁酒令，生产停滞，1934年，斯科奇家族重整旗鼓，主打产品就是克鲁赞。到了20世纪50年代，它已经是一家超现代化的酿酒厂，壶式蒸馏被柱式蒸馏所取代，而新的生产装置又经过了艾米尼奥·布劳（Herminio Brau）进一步优化，布劳是波多黎各朗姆酒试验工场实验室的负责人。在20世纪60年代开始，内斯洛普（Nelthropp）家族开始管理该公司。

这款酒闻香前调有强烈的波本特色：香草、香蕉奶昔、山核桃糖浆的味道。它的香气浓厚粗犷，椰子味中带一些柠檬糖和橘子味。口味甜蜜有焦糖水果味，辛香与红色水果焦糖的味道会一直持续到余味。这是一款具有波本风格的朗姆酒。

这款酒调制混饮的问题在于，强烈的橡木味倒底是绊脚石还是铺路砖。总地来说，它表现还算优异。和小柑橘汁混合后味道有些说不清道不明；可乐会让中段口味有黄油的厚重感；姜汁啤酒让辛辣的余韵有了不同寻常的阳刚之气。椰子水吸取了橡木的味道，产生了全新的反应，调出的混饮层次更加丰富。如果你偏爱古典鸡尾酒中的甜味，那选这款酒没大错。

赏味评分			
4.5	椰子水	3.5	克莱门小柑橘汁
4.5	姜汁啤酒	4	可乐
3	古典鸡尾酒		

哈瓦那俱乐部7年
HAVANA CLUB 7 AÑOS
酒精浓度40%

可以说，这是一款给朗姆酒界重新洗牌的酒。曾经只有海军风格和白朗姆风格的朗姆酒现在被证明也能成为小口细品的质感丰富的烈酒。这一事例也凸显了经典古巴朗姆酒的内在品质。该酒由多款基础酒调和而成，而基础酒本身又是不同酒精浓度的酒液混合，其中酒龄最短的也陈酿了7年，最长的有14年。

你首先会闻到来自橡木桶的坚果味，然后是温暖的咖啡香，淡淡的克里奥罗巧克力味，艰涩的泥土气息，表明这是一款非常适合啜饮的酒。少倾，就会散发出糖蜜的味道。它的口感宽广，深沉而自然，有橘子皮、樱桃、黑葡萄和烘烤香料的味道，最后，在干涩的余味中，巧克力的香气再次浮现。

这款酒是为数不多的全能冠军。椰子水让混饮喝起来几乎像菲诺雪莉酒，古巴特色的矿物质味得到了延伸，纯净柔和，余韵和谐美好。小柑橘汁加强了柑橘的味道，让中段口感更浓郁；姜汁啤酒在混饮中怡然自在，让甜味慢慢展开，然后再携手辛香味一展身手。与可乐搭配——调制出一杯自由古巴鸡尾酒——带来巧克力和深色水果的味道，但被朗姆酒的干涩所平衡。

古典鸡尾酒给这款朗姆酒提供了一个舞台，将其所有才能一一展现，创造出一款层次丰富的饮品。

赏味评分			
4	椰子水	4	克莱门小柑橘汁
5	姜汁啤酒	5	可乐
5*	古典鸡尾酒		

海切赛拉
LA HECHICERA
酒精浓度40%

海切赛拉（"女巫"）来自劳拉（Laura）和米格尔·里亚斯科斯（Miguel Riascos）夫妇的创意，由调配大师吉拉尔多·米特索卡·卡加纳（Giraldo Mituoka Kagana.）在哥伦比亚的巴兰基亚调制并陈酿。该酒由加勒比地区不同的朗姆酒调和而成，在美国橡木桶组成的索莱拉系统中熟化。

香味一入鼻就能让人感到这款酒使用的原液非常成熟：皮革、香料、焦炭、一点香草和巧克力，辅以些许糖蜜的味道。气味层次丰富，虽然橡木桶风味明显，却没有木头味。该酒深处的刺鼻特性与质感在味蕾上层层打开，苦甜参半的味道让人颇为愉悦，尽管纯饮时绿无花果酱的甜味会让口感有些顿挫。兑水会让此酒的层次与结构显现出来——还可以降低甜度。

这款酒与所有调饮都相得益彰，除了可乐，可乐放大了皮革的口感，而且莫名其妙地让味道转瞬即逝。朗姆酒让姜汁啤酒更饱满，使其转化为干姜的味道，尽管口味再持久一些就更好了，但仍瑕不掩瑜。小柑橘汁能与柔和的橡木味很好地结合，挖掘出该酒的内在品质。椰子水能最大程度地彰显这款酒的复杂性：甘美的水果味、椰肉味、焦炭味、干度与韧性。用它调出的古典鸡尾酒也具复杂层次，苦精会增加根茎似的异国元素。非常精致的平衡，口感略紧致，余韵辛辣/柑橘味。是一款必尝之酒。

赏味评分			
5*	椰子水	4.5	克莱门小柑橘汁
4	姜汁啤酒	2.5	可乐
5	古典鸡尾酒		

玛督萨典藏
MATUSALEM CLÁSICO
酒精浓度40%

请注意，酒标上的"10"代表该朗姆酒在索莱拉系统中熟化的平均时间。因此，它不是一款酒龄10年的朗姆酒。它的闻香丰满，好像太妃糖爆米花，但后味中有干燥的木质气息。总体的口感浓而甜，有蜂蜜的味道；几乎是枫糖浆的甜度。兑水后轻柔的果味和橡木味就散发出来。余韵开始比较黏腻，最后以肉桂状的干涩感结束。兑水饮用是不错的选择。

该酒与椰子水混合后有果肉和枫糖浆的香味，是一款可爱的富含卡路里的混饮。可乐提取了该酒的香草味道，厚厚地在味蕾上铺展开来。不出所料，姜汁啤酒与该酒混合后会比平时味道更突出、更甜，不过它也使混饮带上了浓浓的姜味，让你忍不住打喷嚏。与小柑橘汁的混合酸中有甜，平衡有度。

这款朗姆酒清淡芳香，与古典鸡尾酒中的苦精略有冲突，所以少量为好。

赏味评分			
3	椰子水	4	克莱门小柑橘汁
3.5	姜汁啤酒	3	可乐
3	古典鸡尾酒		

朗姆国度秘鲁8年陈酿

RUM NATION PERUANO 8-YEAR-OLD
酒精浓度42%

  20世纪90年代初，法比奥（Fabio）和沃尔特·罗西（Walter Rossi）作为苏格兰威士忌独立装瓶商（威尔森&摩根）起家，但和他们的苏格兰同行一样，两人对朗姆酒有着浓厚的兴趣。1999年，朗姆国度成立了。这家公司位于意大利的特雷维索，在各个产地/国家装瓶，而不是由酒厂装瓶。这款秘鲁陈酿是在秘鲁的兰巴耶克生产的朗姆酒，以糖蜜为原料，用柱式蒸馏。

  这款酒芳香浓度适中，仿佛黑莓上覆盖了可可奶油（我立马想到要调一杯慕兰潭鸡尾酒），还有一种类似温热的按摩精油的香气。口味的前段是丁香，然后是干涩单宁、甘草和大量糖蜜的味道。兑水会增加艰涩的口感。

  该酒在混饮中表现尚可，和椰子水混合增加了层次，不过对于我的口味来说太甜了，有些发腻。因为糖的缘故，小柑橘汁会过于钝滞，但姜汁啤酒的尖利口感会被凸显出来。可乐也表现不错，与该酒中深色果实相辅相成。这是一杯味浓色重的混饮。

  在古典鸡尾酒中，你会先尝到饶有趣味的山核桃味、烟熏味和废弃的台球桌粗呢子味，然后带着点樱桃味的朗姆酒味道才会出现在你的舌尖。甜。

赏味评分			
3	椰子水	3.5	克莱门小柑橘汁
4	姜汁啤酒	4	可乐
3	古典鸡尾酒		

圣特雷莎1796陈年索莱拉
SANTA TERESA 1796 ANTIGUO DE SOLERA
酒精浓度40%

　　这是一款备受推崇的经索莱拉系统熟化的朗姆酒，多年来，它的甜度似乎有所增加。闻香中的确有一种光泽的味道，有炖水果的微甜味，类似修道院啤酒的味道，然后是炖柑橘的气味。浓郁的味道中带有清脆感，像硬的太妃糖，兑水后强烈的橘子味和姜黄味会被激发出来。它的口感浓厚，有很重的葡萄干和类似雪莉酒的氧化坚果味。加入水会更清爽，有柠檬味道。

　　这是一款结构精致的朗姆酒。姜汁啤酒中的姜味被驯服，融入混饮中；小柑橘汁则加入清新通透的口感；可乐同样表现优异，让中段口味更加饱满。当使用椰子水时，这款混饮的档次略有提升，橡木的作用（可能会被忽略）为干涩与柔和之间架起一座桥梁。

　　这款酒调出的古典鸡尾酒有强烈的柠檬味，只要控制适度，这并不是什么坏事。来自橡木桶的辛香与苦精的味道相辅相成，朗姆酒的冲击到中段才会袭来——但之后就太甜了。老实说，我只会加冰喝。

赏味评分			
4	椰子水	3	克莱门小柑橘汁
3	姜汁啤酒	3.5	可乐
3	古典鸡尾酒		

阿布罗老爷爷12年珍藏
ABUELO AÑEJO 12 AÑOS, GRAN RESERVA
酒精浓度40%

这款酒在波本桶中静置熟化，这让它一开始就散发出醇厚、成熟的深色果实的气味，类似煮过的梅子，还有一种我们不妨称之为巴拿马臭味的味道，像麂皮，还有老阁楼上的灰尘，暗示着长时间的陈酿，还有雪茄盒的味道。味蕾上所经历的和闻香类似，朗姆酒浸泡过的水果干味，圣诞蛋糕风味，还有经过如此长时间陈酿却没那么紧致的口感，这点也让人颇感意外。兑水会体现这款酒的浓郁，余味是一种黑莓酱般苦甜参半的怡人味道。

你会发现，这款朗姆酒成熟而浓厚，是那种不太合群的类型——和简单的调饮混合就是如此。和姜汁啤酒混合后喝起来就像绿茶，不过确实体现出了酒中的单宁结构。混饮让椰子水也变得酸涩。小柑橘汁的味道则压住了朗姆酒。与可乐混合时，朗姆酒的味道一骑绝尘凸显出来，可乐则像是在蹒跚学步，不见踪影。

抱着一种听天由命的心情，你调制了一杯古典鸡尾酒，却发现这款朗姆酒的复杂内核终于浮出水面。现在它的口感更加干涩，随着刺鼻气味的回归，整杯酒散发出一种荣光散尽的气息，增加了一种优雅的颓废感。真是一个宝藏。

赏味评分			
2	椰子水	3	克莱门小柑橘汁
2	姜汁啤酒	2.5	可乐
5	古典鸡尾酒		

百加得法昆多艾喜莫10年
BACARDÍ FACUNDO EXIMO 10 AÑOS
酒精浓度40%

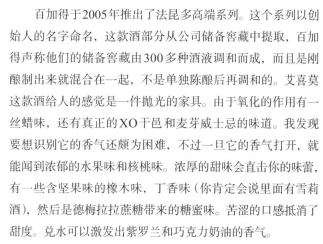

百加得于2005年推出了法昆多高端系列。这个系列以创始人的名字命名，这款酒部分从公司储备窖藏中提取，百加得声称他们的储备窖藏由300多种酒液调和而成，而且是刚酿制出来就混合在一起，不是单独陈酿后再调和的。艾喜莫这款酒给人的感觉是一件抛光的家具。由于氧化的作用有一丝蜡味，还有真正的XO干邑和麦芽威士忌的味道。我发现要想识别它的香气还颇为困难，不过一旦它的香气打开，就能闻到浓郁的水果味和核桃味。浓厚的甜味会直击你的味蕾，有一些含坚果味的橡木味，丁香味（你肯定会说里面有雪莉酒），然后是德梅拉拉蔗糖带来的糖蜜味。苦涩的口感抵消了甜度。兑水可以激发出紫罗兰和巧克力奶油的香气。

随着陈酿年份的增加，朗姆酒也从极具亲和力的特性变为越少元素介入越好的境地。该酒与可乐混合会散发出玫瑰香精的味道；小柑橘汁无法压住橡木桶的味道；与姜汁啤酒搭配出来有些像接骨木的味道，虽然有气泡，但口感艰涩。只有椰子水能堪大用，与朗姆酒珠联璧合，回味悠长，还带有些许橡木味。另一方面，橡木味在古典鸡尾酒中大显身手，增加了柔韧性，并放大了巧克力的香味。如果你爱喝苏格兰威士忌的话，也一定会喜欢这款鸡尾酒。

赏味评分			
4.5	椰子水	3	克莱门小柑橘汁
3.5	姜汁啤酒	2	可乐
5	古典鸡尾酒		

巴塞洛陈年佳酿
BARCELÓ GRAN AÑEJO
酒精浓度37.5%

1929年，胡里安·巴塞洛（Julián Barceló）在多米尼加共和国创建了这家家族企业，尽管直到1950年第一批朗姆酒才问世。该家族的第三代成员仍在董事会任职。

这款酒以甘蔗汁为原料，采用四柱式蒸馏塔，蒸馏出的酒液酒精浓度达95%，然后静置熟化。该酒为低度装，我们后面会看到，这导致了一些问题。闻香像是所有花店在关门时分的味道，伴有果仁糖和天然、干燥的橡木香气。它的口味清爽干净，前段有点尘土味，中段变甜，散发出柑橘味、香蕉味、杏子味和更多的干净橡木味道。

这种低度装在混饮中无所作为。可乐莫名其妙地有了薄荷味；姜汁啤酒带上了一股奇怪的鱼腥味，排山倒海般袭上味蕾。与椰子水混合时该酒也表现平平，带来的香蕉皮和坚果的味道在中段就消失不见，和小柑橘汁搭配时也是如此，但勉强胜过其他调饮。

用它调出的古典鸡尾酒清淡纯净，有柠檬味，还有点甜。一点点酒精浓度的差别调出的鸡尾酒就会大相径庭。

赏味评分			
3	椰子水	3.5	克莱门小柑橘汁
3	姜汁啤酒	2	可乐
2.5	古典鸡尾酒		

朗姆酒

巴塞洛皇室佳酿
BARCELÓ IMPERIAL
酒精浓度38%

这款朗姆酒诞生于1980年，是巴塞洛品牌的顶级产品，它以甘蔗汁为原料，闻香饱满诱人，有核果类蜜饯的味道，由于陈酿带来的淡淡的皮革味，然后是烤棉花糖和生姜的气味。可以闻到甜蜜的元素，但并不是主导。该酒入口顺滑，有什锦干花、柑橘、薰衣草和巧克力的味道，最后干姜的味道在余韵中缓缓浮现。由于酒精浓度低，这款酒多少有些轻飘。不适合兑水饮用，如果加水甚至是调饮会如何呢？很遗憾，你会完全品不出酒味。

用它调制的古典鸡尾酒，我喜欢其中苦艾的味道，以及干涩、树林般的植物口感，但是整体太甜而无法平衡。

低度酒或许能为酒厂降低成本，但酒精也有香味，如果酒精含量低于40%，质感与芳香就会流失。如果我要喝这款酒的话，一定要加一个非常硬的冰球。

赏味评分			
2	椰子水	不适用	克莱门小柑橘汁
不适用	姜汁啤酒	不适用	可乐
2.5	古典鸡尾酒		

布鲁加尔1888特级珍藏
BRUGAL 1888 GRAN RESERVA FAMILIAR
酒精浓度40%

2008年，英国爱丁顿集团收购了布鲁加尔公司，这不仅让这家苏格兰威士忌酿酒厂了解了一个全新的品类，也让朗姆酒公司一方获得了该集团多年来在橡木桶方面的专业技术，尤其是在雪莉桶的领域（麦卡伦The Macllan和高原骑士Highland Park都属爱丁顿旗下）。这款酒首次出现是在1888年，它先在中度烘烤的波本桶中陈酿8年，然后再放入首次灌装的西班牙欧罗索雪莉桶中陈酿。它的闻香以椰子、葡萄干和乡村小屋的芳香开始，这正是这样的朗姆酒所需要的活力。它还有一种氧化的雪莉酒气息，把你带入一个地面潮湿、有着上头气味的酒窖——雪莉酒的怪味！它的口感甘甜，有浓郁的坚果味，味蕾上能体会出烘烤核果类水果和糖浆的层次。它口感丰富却不是很甜，味道流转而变化。

我以为雪莉酒的特质不会适合混饮。结果相反：椰子水带来圆滑醇香，带有浅浅的单宁口感，让混合后的饮品优雅地滑过舌尖。小柑橘汁在混合后活力四射。姜汁啤酒则在橡木味面前败下阵来。理论上可乐应该有所作为，第一口喝上去很不错，但很快朗姆酒就从侧门离场，留下一杯无聊的饮料。

用该酒调出的古典鸡尾酒味道深沉，有浓浓的温润的巧克力味。这样一杯好似闲庭信步的饮品值得尊敬。

赏味评分			
5*	椰子水	4	克莱门小柑橘汁
3.5	姜汁啤酒	3	可乐
4.5	古典鸡尾酒		

酋长500陈年特级珍藏

CACIQUE 500 EXTRA AÑEJO GRAN RESERVA
酒精浓度40%

由委内瑞拉联合酒厂（酋长是该公司最畅销的品牌）生产，这款特级珍藏朗姆酒闻香略粗粝，有青草、柠檬的气息。只要加入一滴水，就会散发出甜味。它的口感浓厚馥郁，有很重的李子酱、些许无花果、黑胡椒、葡萄干的味道，余韵有很浓的糖味。兑水的话，会有棉花糖的余味。

这是一款简单甜蜜的朗姆酒，十分宜人，它的轻盈与椰子水相映成趣，青草气息成了二者的桥梁。与可乐混合效果就差多了，掉入一汪糖水之前还有股农场的味道。与小柑橘汁混饮有种圆润的口感，以及来自小柑橘汁的一丝刺激感（这十分必要）。姜汁啤酒会给混饮加入青草的味道，余韵微苦，但不会令人不快。

用它调制的古典鸡尾酒很快会有满满的焦糖太妃糖的味道，带着肉桂的香气。还算中规中矩，但余味太过分散。

赏味评分			
4	椰子水	3.5	克莱门小柑橘汁
3	姜汁啤酒	2	可乐
3	古典鸡尾酒		

103

朗姆酒

卡特维奥XO
CARTAVIO XO
酒精浓度40%

当我们一路进入卡特维奥系列，会发现酒香更加浓郁，木质的味道也更加明显。这款酒的闻香混合了果仁糖、裹着槐花蜂蜜的杏仁、樟脑丸和旧衣柜的味道。口感非常甜，有强烈的薄荷味，还有炖李子、酸橙、旧皮革烟袋、黑樱桃酒的味道，余韵甜蜜可口，带着些橡木桶上的焦炭味挠拨你的喉咙。如果你偏爱醇厚的朗姆酒，你一定会喜欢它。

可乐在这款朗姆酒中有滋有味，但通常都太甜了。不过这也去掉了一些橡木味，让口感苦中有甜，还有红色水果味，口味绵长。椰子水也在险中求胜，让橡木味的框架有所显现。与小柑橘汁和姜汁啤酒混合后都有迷人的香味——后者有夏日花园的气息——但口味都比较平庸。

用这款酒调出的古典鸡尾酒，干涩的橡木味好似将你带入一部意大利人拍摄的美国西部电影，在一条热浪滚滚、尘土飞扬的荒野小路上，此时糖从石头后面现身，将我们的朗姆酒主人公一枪放倒。

赏味评分			
4	椰子水	3	克莱门小柑橘汁
3	姜汁啤酒	4	可乐
2.5	古典鸡尾酒		

外交官精选陈年
DIPLOMÁTICO RESERVA EXTRA AÑEJO
酒精浓度40%

你喜欢甜味么？我来给你一份甜蜜，浇上浓稠焦糖酱的朗姆酒加上葡萄干冰淇淋配上一杯奶油，甜味之余还有雪莉酒味，这可是有些人的心头大爱。不过，这款酒的前段口感可能比你想象中的要干涩，你会品出壶式蒸馏给酒液带来的厚重感，让风味层层叠加。你能体会出酿制该酒的蒸馏工艺十分精良。然后甜味一举亮相，让口感变为罐头装的黑加仑和填满水果糖浆的樱桃派的味道。

这对于调饮来说可不是什么好兆头，姜汁啤酒在第一道关就败下阵来，混合后的饮品有股麝香的味道。然而，小柑橘汁却展示出一种生猛的魅力，尽管可能缺乏连续性，却劲道十足。可乐让混饮中的糖比小朋友的生日派对上还多。椰子水让混合过程有些理性成分，在可口的浓浓焦糖太妃之上，还加入了坚果味，各种活泼的特性都在掌控之中。

调制古典鸡尾酒时必须要控制甜度。焦糖味增加了，但柑橘味会提振口感，苦精又适时地平衡了巧克力的弹力感。甜蜜的余韵让这款鸡尾酒复杂性略弱，但一点也不差。

赏味评分			
4.5	椰子水	3.5	克莱门小柑橘汁
2	姜汁啤酒	3	可乐
4	古典鸡尾酒		

唐Q陈年佳酿

DON Q GRAN AÑEJO
酒精浓度40%

这款酒由两种陈酿了12年的不同风格的朗姆酒调和而成。其中的淡朗姆酒只经过短暂发酵，由五柱式蒸馏塔酿制，浓朗姆酒则经过了1～2周的发酵，在单个铜制壶式蒸馏器中蒸馏。陈酿采用美国橡木桶和雪莉桶，静置熟化。

这款酒色泽清淡，闻香优雅，有芫荽子、生姜和蜂蜜花的味道。橡木的香气比大多数陈年佳酿更精致内敛。口感是奶油状的，像凝脂奶油，体现出该酒是在初次灌装的橡木桶中陈酿，然后是针刺般的辛辣味，中段口味有一丝柔和的丰醇。兑水后会散发出更清亮的香气，然后是鼠尾草和柠檬百里香的味道。

不要试图把这款朗姆酒跟可乐混合在一起，不过它所显示出的丰富元素倒暗示该酒或许适合调一杯曼哈顿鸡尾酒。姜汁啤酒很有活力，但混合后并不比纯饮这款朗姆酒好喝多少，小柑橘汁也是如此。椰子水给混饮带来了更丰富的维度。朗姆酒的清爽感被激发出来，在味蕾上层层铺陈，让口感更加丝滑，但仍保持纯净的芬芳。

这可能是一款古典朗姆酒，却不适合调制古典鸡尾酒。柠檬味又显现出来，还有木桶的烟熏味——不过很淡。有时候某些酒还是纯饮最佳。加入冰块即可享用。

赏味评分			
5	椰子水	3	克莱门小柑橘汁
3	姜汁啤酒	2.5	可乐
3.5	古典鸡尾酒		

朗姆酒

富佳娜12年
FLOR DE CAÑA 12-YEAR-OLD
酒精浓度40%

佩拉斯家族的五代人一直都在位于尼加拉瓜奇奇加尔帕的圣安东尼奥糖厂生产朗姆酒。最初的酒厂建于1890年，至今仍以该公司自产的甘蔗提取的糖蜜为原料。朗姆酒中没有使用诸如焦糖着色的任何添加剂，熟化采用静置陈酿，而非通过索莱拉系统。

该酒的闻香干爽，有青草/药草气息——想想椴树花，水果灌木的叶子——有雪茄包装的味道，清脆和让人愉快的花粉香。口味中充满了淡淡的苹果太妃糖的味道，最初若即若离的草本气息之后会爆发出金橘、佛手柑、烟草和淡淡的橡木味道。

这款酒沉静内敛的气质也带给了混饮。如果说可乐在混合后被注入了巨大的活力，味道却有些支离破碎。与小柑橘汁的混饮清新爽口，柑橘味适得其所。和姜汁啤酒搭配则达到了一种美妙的平衡，如果有什么特别的话，那就是姜味会舒缓下来，只是稍稍带来一点辛辣的刺激。椰子水与之混合也达到了一种精准的优雅，纯净而平衡。

所有这一切都延续到了古典鸡尾酒中，苦精带来了些许哥特式元素，激发出了塞维利亚酸橙果园的芬芳，但朗姆酒的清雅气质依然保留，乃杯中经典。

赏味评分			
5	椰子水	3.5	克莱门小柑橘汁
4.5	姜汁啤酒	3	可乐
5	古典鸡尾酒		

哈瓦那俱乐部大师臻选
HAVANA CLUB SELECCIÓN DE MAESTROS
酒精浓度45%

这款朗姆酒最初叫古巴桶装精选，经过了三个阶段的调和。几款精选的基础酒被调和在一起，在性质更为活跃的木桶中再次陈酿一段时间。经过这段时间的熟化，木桶中的酒液经过再次检验后完成最后的调和。最终的酒液不经过稀释，直接装瓶。

这款酒的闻香是令人陶醉的柠檬香和花香，像浸在蜂蜜中的新鲜水果。橡木桶带来了淡淡的雪松和类似贝克威尔蛋挞（杏仁软糖）的味道。还有矿物的气息，浓浓的柑橘和水果糖的味道，让人隐约联想到干邑。酒精、空气、橡木桶在这款朗姆酒中共同发挥作用，不分伯仲。它的前段口感有些紧，之后就释放出干香蕉片、干果皮和漆树的味道。

这是一款魅力四射的朗姆酒。与小柑橘汁的混饮是最稀松平常的，有些木质味，但仍然好喝。与姜汁啤酒混合后轻柔爽口，余味活力十足，但仅有这么一次。可乐在混合后居然口感持久，带有咸香味。和椰子水的混饮具有最高的复杂性：融合了柑橘、水果和橡木的味道，是一款能让人沉思的饮品。

该酒调出的古典鸡尾酒首先将柑橘味激发出来，然后融合进花香和劲道十足的口感并舒缓下来，成为一款老道的下午饮品。

赏味评分

5*	椰子水	3.5	克莱门小柑橘汁
4	姜汁啤酒	4	可乐
5	古典鸡尾酒		

帕姆佩罗庆典独家珍藏
PAMPERO ANIVERSARIO RESERVA EXCLUSIVA
酒精浓度40%

1938年，亚历杭德罗·埃尔南德斯（Alejandro Hernandez）在委内瑞拉创立了帕姆佩罗公司。为了纪念该公司成立25周年，庆典系列在1963年推出。这款朗姆酒装在皮质小袋中，造型像一枚小炸弹，马上能闻到带着刺鼻味的成熟气息。闻香的前调是半干的黑色果实，辅以熟透的香蕉、枣、葡萄干和蛋糕粉的气味，而后慢慢变为由于陈年而产生的树脂腊味。与阿马尼亚克酒有类似的芳香。入口味道坚实有力，有深沉的烟熏/胡椒味，类似西拉葡萄酒般的厚重感，平衡了甜度。单宁的味道柔顺，鼻腔中浓郁的泥土气息转变为腥味，然后是巧克力花生酱的味道。大胆而又复杂。

前三种调饮都无所作为。这是一款可以坐下来小口细品的朗姆酒，无法屈尊充当基酒——这也无可厚非。这时轮到可乐出场，最终创造了一款超棒的饮品，混合了P. X雪莉酒、黑樱桃、皮革和泥土的味道。你瞧，坚持尝试一下是值得的。

古典鸡尾酒也证实了这一点，纯朗姆酒中所蕴含的朦胧层次全部被承托出来。这款酒期待着一位老酒客的到来，抽着雪茄慢斟细酌。

赏味评分			
不适用	椰子水	不适用	克莱门小柑橘汁
不适用	姜汁啤酒	5	可乐
5*	古典鸡尾酒		

朗姆酒

古巴圣地亚哥25年陈酿

SANTIAGO DE CUBA EXTRA AÑEJO

25-YEAR-OLD

酒精浓度40%

在木桶中陈酿四分之一个世纪对任何一种烈酒来说都是一段非常漫长的时间。在加勒比地区炎热的天气下陈酿通常会让朗姆酒的口感四分五裂。然而这款酒的香气仍然清新欲飘，有蜂蜜、夏威夷果、肉豆蔻皮和肉桂的味道，还隐隐透着一丝古董商店的气味。然后它就慢慢转向柑曼怡力娇酒的香气，再混合了一点老式止咳糖的味道。口味一开始是肉桂球、小豆蔻和丁香油。如果你偏爱辛香和甜味，那你会喜欢它。加入水会让它的口感呈粉状，有胡椒味。

用如此罕有的朗姆酒调制混饮似乎有些暴殄天物，但规则就是规则，况且这款酒也用实力证明了自己。与椰子水混合散发出雪茄包装纸的香气；和姜汁啤酒的混饮也有类似的芳香，在口感中段升腾开来，但又迅速褪去；与可乐搭配后的香气也很相似，有甘草和樱桃味，但也很快散去；与小柑橘汁的混饮惊艳四座，可以想象一下一杯价格不菲的提基鸡尾酒。

用这款酒调制古典鸡尾酒会让你对它更有信心，尽管仿佛带你进入哈瓦那一座老房子的内部，有种可爱的薄荷的气味，微妙而又稳重。口感以橘子和茴芹为主。让人莫名地无法抗拒。

赏味评分			
3.5	椰子水	4.5	克莱门小柑橘汁
3.5	姜汁啤酒	3	可乐
4	古典鸡尾酒		

萨凯帕索莱拉23年珍藏
ZACAPA SOLERA GRAN RESERVA 23
酒精浓度40%

　　罗蕾娜·瓦斯克斯（Lorena Vasquez）为萨凯帕发明的极度复杂的熟化系统在别处已有论述。这里我们关心的是在"云顶之屋"陈酿的朗姆酒味道如何。

　　开始，这款酒并不像很多人想象的那么甜。相反，它层次分明，略带烟熏味，有烤椰子、香草荚、西柚、烤干的香料（黑色小茴香、芫荽）的味道，然后是葡萄干和干净的橡木味，还有一些在宝特兰（Botran）朗姆酒中蜂蜡的味道。之后是阿萨姆红茶和秋叶的气味。口感层层叠加，有酸涩的热带水果味，但也有紧致的樱桃巧克力、煮熟的水果、桑葚和柔软的单宁味。平衡而复杂，在杏仁的清脆感之后有浓浓的P.X雪莉桶的味道。

　　这款酒不可能做混饮么？想想再说。姜汁啤酒与许多拉丁风格的朗姆酒都不太合拍，但与该酒混合却焕发出光彩，柑橘味、甜味、橡木味和辛辣味交相辉映。余味活力十足，持久而丰富。这款朗姆酒提升了可乐的档次，让它没那么幼稚，不过混合过程中对可乐口感的改造也相当严厉。和椰子水混合后的味道给人感觉像是在丛林里吃椰子，小柑橘汁混合后味道也沉了下去。该酒调出的混饮酸甜平衡，口感得到了增强。古典鸡尾酒扩展出薄荷巧克力的味道，先有一点甜味，然后P.X雪莉桶的味道就会铺展开来。这是独一无二的一款鸡尾酒。

赏味评分			
4	椰子水	4	克莱门小柑橘汁
5*	姜汁啤酒	4	可乐
4.5	古典鸡尾酒		

加勒比英语地区陈年朗姆酒

以下挑选出的朗姆酒大部分是壶式与柱式混合蒸馏酿制——偶尔有100%壶式蒸馏而成——比拉丁阵营的朗姆酒拥有更干涩的风格。在闻香与口味中找到浓郁的层次感,体会出糖蜜味、有时是皮革味,就品出了壶式蒸馏的影响。由于没有添加粗糖,你能觉出明显的紧致口感。橡木桶是朗姆酒香气、风味和架构的主要来源,这意味着橡木桶的品质同调酒师的技巧一样重要。糖并没有放大它们酒龄短的特点,也没有掩盖其木质感丰富的特性。

这并不是说有一种公式化的英语地区风格。每个岛屿/国家都有明显不同的酿制方法。牙买加以其辛辣口感的朗姆酒自豪。产自巴巴多斯的朗姆酒更柔和,果味更浓,略带柠檬味。圭亚那的朗姆酒将加勒比英语地区的壶式/柱式蒸馏特色与拉丁系朗姆酒的甜度结合在一起。每家酒厂的风格各有千秋。

调饮中可乐最难驯服,小柑橘汁略强于椰子水。与姜汁啤酒搭配时,牙买加朗姆酒比巴巴多斯的表现更佳。酒龄越长,调制混饮的难度更大。这一组的朗姆酒大部分只适合纯饮,或是调制鸡尾酒。

不过,无论你偏好何种口味,一定要用心品味并勇于探索。

安高天娜1919
ANGOSTURA 1919
酒精浓度40%

在1932年，一场大火席卷了特立尼达和多巴哥政府朗姆酒公会后，费尔南德斯酒厂的首席调酒师JB·费尔南德斯（JB Fernandes）买下了幸存的几个酒桶——估计木桶的里外应该都被严重烧焦。这批酒桶于1919年用于朗姆酒灌装，于是一款新的朗姆酒诞生了。现在由安高天娜酿制的1919朗姆酒略有不同。闻香的前调是浓郁的香草味，伴有焦糖奶油、太妃糖、白巧克力、一点桃子和淡淡的油味。口味上也大同小异，有浓重的蜜糖甜味，然后像突然蘸上干香料的口感，又像草莓浸入融化的奥利奥和本杰瑞焦糖咀嚼片。

通过评分就能看出，越简单的调饮在这款酒中效果越好，不过要注意朗姆酒的甜度。如果你爱吃椰蓉士力架的话，应该会喜欢该酒和椰子水的混饮；小柑橘汁会压制一些甜度，但混饮仍然很甜。姜汁啤酒因其辛辣味表现略优，但也需精心调制。可乐是个不错的搭配，如果你喜欢甜味的话，这个组合中两方的甜味元素会拧成一股绳，增添额外的香草味。

用它调制古典鸡尾酒就像是老式糖果店里发生了大爆炸。

赏味评分			
3	椰子水	3.5	克莱门小柑橘汁
3.5	姜汁啤酒	3.5	可乐
不适用	古典鸡尾酒		

艾普顿庄园珍藏
APPLETON ESTATE SIGNATURE BLEND
酒精浓度40%

　　艾普顿庄园据称是牙买加历史最悠久、一直在持续生产的蔗糖庄园和酿酒厂。该庄园位于牙买加岛中部的科克皮特地区，庄园所酿制的所有朗姆酒均使用自家甘蔗所产的糖蜜。这款酒之前被称为V/X，是由几种陈酿了15年的朗姆酒（壶式蒸馏和柱式蒸馏的都有）调和而成，再陈酿平均4年时间。它的闻香是如假包换的牙买加风格，有擦鞋台、老香蕉皮、淡皮革和烟草的味道，但也有百香果和杧果的香气。兑水使该酒更为优雅，增添了辛香和一点橡木的味道。口感厚度适中，柔和的果味平衡了壶式蒸馏特有的木槿花味道的丰富油酯，酒体结构扎实。

　　这款酒是一个货真价实的多面手。可乐表现稳固，它的深度给混饮带来了另一层维度的口感，而不仅仅是增加甜味。该酒与椰子水混合时作用更加明显，提升并融合了混饮中酸酸甜甜的植物香气，并让各种元素在味蕾上和谐共处。小柑橘汁会在更干涩的朗姆酒中焕发光彩，让水果味成为主旋律。这款酒能与姜汁啤酒调出一杯美味混饮，辛辣的味道显现出来，姜汁让余韵悠长，朗姆酒则使中段口感柔和。

　　通常古典鸡尾酒能体现出更多的壶式蒸馏特色，但这一次朗姆酒的味道却显得很淡。保持简单调制就好。

赏味评分			
4	椰子水	5	克莱门小柑橘汁
5	姜汁啤酒	4	可乐
3	古典鸡尾酒		

考克斯波VSOR
COCKSPUR VSOR
酒精浓度43%

考克斯波品牌由瓦尔德玛尔·汉谢尔（Valdemar Hanschell）在1884年创立。根据巴巴多斯的法律，酿酒厂和装瓶厂必须为不同实体，因此汉谢尔不得不从全岛各地采购酒液。从1973年起，考克斯波就只在西印度群岛酿酒厂从事生产，那里是岛上第一个安装蒸馏塔的地方。一个老式双塔约翰·多尔蒸馏柱仍在使用，酿出的酒液用于与其他朗姆酒调和。另外还有高酒精浓度淡朗姆酒，是以四柱式蒸馏塔酿制，还有壶式蒸馏出的酒体适中的深色朗姆酒。

这款酒的闻香很奇异，让人联想到炖煮深色果实的味道，非常典型的拉丁朗姆酒风格。有乳脂软糖、栗子蜂蜜混合了香蕉加上干木瓜和牛奶糖的气味。加入水后会散发出更多橡木气息的成熟味道。该酒入口比较干涩，然后是焦糖太妃的甜味，带一点淡淡的杏仁味。这是一款口感丰富，带有木质特色，并具有商业风格的朗姆酒。

该酒调制混饮时十分出挑，但与可乐混合除外，两者混合会生出泡沫，然后即刻平复下去，归于单调。体会姜汁啤酒给混饮带来的宽阔口感，橡木味和辛辣味相得益彰，或是跟椰子水混合后所产生的近乎波本风格的饮品，将橡木味完美平衡。这种橡木味在小柑橘汁中退隐下去，味道被混饮吸收。

在古典鸡尾酒中，你会看到一款酒体结构过硬的朗姆酒如何让鸡尾酒熠熠生辉。

赏味评分			
5	椰子水	5	克莱门小柑橘汁
4	姜汁啤酒	3	可乐
4	古典鸡尾酒		

印第公司牙买加海军浓度 5年

COMPAGNIE DES INDES JAMAICA NAVY STRENGTH 5-YEAR-OLD

酒精浓度57%

弗罗伦特·伯伊切特（Florent Beuchet）在这款酒中呈现了昔日牙买加高度朗姆酒的风采。该酒由3种壶式蒸馏出的朗姆酒调和而成，闻香是厚度适中的刺鼻味道，带着菠萝干、牛奶巧克力和黄铜抛光水的味道，背后透着复杂的烟熏气味。它入口甘甜，有浓郁的浆果味，淡淡的橡木味，些许糖蜜味和类似西柚的酸味。口味后段会有强烈的咖啡和煮熟桃子的味道。单宁味很柔和。总体来说，这是一款酒体适中、品质清爽优雅的朗姆酒。

调饮显示出了牙买加朗姆酒的多才多艺。与椰子水的混饮展示了一种近乎丑陋的美：臭味加上坚果味，口感绵长而浓郁，不是所有人都喜欢，不过我觉得不错。和姜汁啤酒的混饮散发出肉桂和八角的味道，口感复杂而持久。与可乐混合效果不错，可乐与其说是调饮，不如说是有机组成部分，将这款朗姆酒深沉的一面激发出来。小柑橘汁会增加又一层复杂性，它与朗姆酒的混合是调制提基鸡尾酒的完美基础混饮。调制的古典鸡尾酒口感平衡，但加入苦精后壶式蒸馏的低酒龄朗姆酒就产生尖利感。你还必须喜欢刺激性气味才会喜欢它。

赏味评分

4	椰子水	5*	克莱门小柑橘汁
4.5	姜汁啤酒	5	可乐
3.5	古典鸡尾酒		

魔鬼份额
THE DUPPY SHARE
酒精浓度40%

由乔治·弗罗斯特（George Frost）和杰斯·斯温芬（Jess Swinfen）创造，魔鬼份额（Duppy在牙买加语中是魔鬼的意思）由两种朗姆酒调和而成，一种是以糖蜜为原料的牙买加壶式蒸馏朗姆酒，酒龄为3年，另一种是巴巴多斯柱式蒸馏的朗姆酒，酒龄为5年，两者都在波本桶中陈酿。

闻香开端就带着浓浓的牙买加特色：熟透的浓浓果味，新山羊皮夹克味，乌龙茶味。在第一波香气爆发之后，气味舒缓下来，石榴和番石榴的香气慢慢流出。口味上起始非常轻柔，壶式蒸馏的特色会将你带入热带灌木丛，尝出浆果和潮湿的皮革味道，还有更香甜的热带元素黑砂糖，和（兑水后）浮动的花香。在味蕾上克制而又平衡。

如果说可乐不算太让人感到惊艳的话，那其他调饮都发掘出了这款朗姆酒双重性格中的不同特质。小柑橘汁与酒的果味元素结合起来，增加了混饮的酸度，给人一种芳醇的感觉；姜汁啤酒则相反，把朗姆酒的刺激性气味释放了出来。与椰子水混合后，一切又重归平衡，优雅与厚重并存，甜而干涩，富于香气。很华丽的一杯饮品。

该酒十分适合做古典鸡尾酒，中段口感足够浓厚而有力，有坚果味辅以香蕉皮、柑橘核、荔枝和紫罗兰的味道。很棒的一款鸡尾酒。

赏味评分			
5*	椰子水	4	克莱门小柑橘汁
4	姜汁啤酒	3.5	可乐
4	古典鸡尾酒		

元素8黄金
ELEMENTS EIGHT GOLD
酒精浓度40%

　　这款金色朗姆酒产自圣卢西亚岛，他们骄傲地称其为黄金朗姆酒，这点我很欣赏。该酒由10种酒龄为6年的朗姆酒调和而成，在壶式蒸馏器、柱式蒸馏器以及壶式柱式混合蒸馏器中酿制，于波本桶中陈酿。

　　和该品牌的白朗姆酒一样，它的闻香强烈而紧致。然后慢慢释放出青橄榄的味道，之后苹果糖浆的香气就散发出来。它的香味很有活力，但似乎相对清淡。老实说，这款朗姆酒更适合品尝，香味在味蕾上缓慢打开，呈现出更成熟、丰满、热带水果的醇厚，伴有柑橘、糖蜜和鲜切花的味道。总而言之，干净而雅致。

　　该酒调出的混饮，嗯，表现各异。和椰子水的组合口感醇厚，略带青涩（青橄榄的味道），虽然不算持久，但还算有劲儿。可乐有些直来直去。小柑橘汁与朗姆酒中的果味完美融合，带来一种赛美蓉白葡萄酒一般的质感。这款朗姆酒多少有些低调懒散，与姜汁啤酒的魄力却相得益彰。

　　正是这种低调气质让调出的古典鸡尾酒开始略显朴素，但继续品味的话你会得到一杯颇为世故老练的鸡尾酒，苦精中爆发出香味，余韵更加绵长而辛辣，让人得到彻底的放松，相当不错。

赏味评分			
3.5	椰子水	3.5	克莱门小柑橘汁
4	姜汁啤酒	3	可乐
4	古典鸡尾酒		

四方酒厂维勒驻地系列 2013（2015年装瓶）

HABITATION VELIER FOURSQUARE 2013 (BOTTLED 2015)

酒精浓度64%

这款朗姆酒隶属装瓶商维勒（Velier）公司无可匹敌的卢卡·加尔加诺推出的一款系列产品，旨在让朗姆酒的信息透明无误。酒标上描述了该酒的蒸馏方式（壶式蒸馏加双反应罐），酒桶类型（干邑桶），酿制时间，装瓶时间，天使份额（15%），以及它没有加糖（包括焦糖）或未经过冷凝过滤的信息。

陈酿2年的壶式蒸馏朗姆酒是朗姆酒发烧友的心头大爱，这款朗姆酒完全满足了这一需求。它的闻香生机勃勃而又富于层次，带着壶式蒸馏的黄铜气味，鼓皮味，和浓厚的糖蜜味，伴着巴巴多斯朗姆酒特有的纯净新鲜的气息。兑水后会散发出姜黄根、阿魏胶、竹子和车前草的气味。该酒入口柔和，但会紧紧抓住你的味蕾。纯饮时口感精致而干涩，需要加水才能激发出更深层次的腌制过的柠檬香味，余韵是壶式蒸馏带来的酚类香味和糖蜜味。木桶对该酒口味影响不大，只有些辛香。

这款酒对于椰子水来说过于猛烈。壶式蒸馏的特点让其与可乐的混饮类似半干型酒。和姜汁啤酒的混饮虽略有瑕疵，但也算协调。小柑橘汁则让一切迎刃而解。混饮的口感依旧干涩，但烈度却被中和。用它调制的古典鸡尾酒口感坚实，有一种奇怪的树脂和咖喱味道。可以用在复杂的提基鸡尾酒中，或是小口独饮。

赏味评分

2	椰子水	5	克莱门小柑橘汁
3.5	姜汁啤酒	3.5	可乐
3	古典鸡尾酒		

凯珊黑桶
MOUNT GAY BLACK BARREL
酒精浓度43%

　　和所有凯珊系列一样，这款朗姆酒是柱式蒸馏和壶式蒸馏的朗姆酒调和而成，其中壶式蒸馏出的酒液比例更高。调和之后的酒液再次放入严重烧焦的木桶中二次熟化：也这是黑桶名称的由来。

　　该酒闻香成熟而有壶式蒸馏的馥郁，伴以些许蜂蜜和淡糖蜜的香气，之后是干香料和一丝橡木的味道。香味有些像葡萄酒，很迷人，有成熟的、甚至是熟透的水果味，和酸角、烤香蕉和淡热带水果的香气。口味上呈现出更多橡木气息，混合着焦糖布丁、有如淡咖啡般的香料味。水的加入使它更闪亮，随之而来的是烟草、柑橘和更丰富的水果味道。

　　在调饮方面，该酒与可乐的混合相当精致甚至微妙，中段口感丰厚。姜汁啤酒与其搭配混合了太妃糖和新鲜生姜的味道——中段口感仍然芳醇。小柑橘汁在混饮中表现随和。椰子水则使混饮的口感硬朗，好在这种轻微的坚实感很快转变为柑橘味在味蕾上全面释放，余韵中有一丝甘甜。

　　这款酒调制的古典鸡尾酒色泽澄清，橘子味压制住了木桶味。呈现时需要增加一些厚重感，但仍不失为一款好鸡尾酒。

赏味评分

4	椰子水	3.5	克莱门小柑橘汁
3.5	姜汁啤酒	4	可乐
4	古典鸡尾酒		

真麦考伊5年
THE REAL MCCOY 5-YEAR-OLD
酒精浓度40%

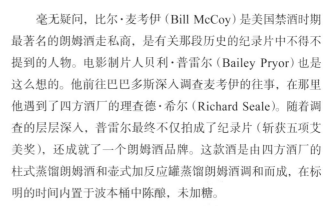

　　毫无疑问，比尔·麦考伊（Bill McCoy）是美国禁酒时期最著名的朗姆酒走私商，是有关那段历史的纪录片中不得不提到的人物。电影制片人贝利·普雷尔（Bailey Pryor）也是这么想的。他前往巴巴多斯深入调查麦考伊的往事，在那里他遇到了四方酒厂的理查德·希尔（Richard Seale）。随着调查的层层深入，普雷尔最终不仅拍成了纪录片（斩获五项艾美奖），还成就了一个朗姆酒品牌。这款酒是由四方酒厂的柱式蒸馏朗姆酒和壶式加反应罐蒸馏朗姆酒调和而成，在标明的时间内置于波本桶中陈酿，未加糖。

　　巴巴多斯式的平衡是该酒酿造的关键。它带有浓郁的壶式蒸馏的味道，混以英式奶油、炸香蕉、淡淡焦糖味的水果和干菖蒲的味道。香气进一步打开后会散发出更多的壶式蒸馏的味道，还有腰果混合了干水果的味道。中段口感带有适度的橡木脂和浆果味，余韵是肉豆蔻的味道。

　　这款朗姆酒非常适合调制混饮，能在其中独善其身。它和可乐混合会产生印度辛辣香料粉的味道；小柑橘为该酒注入活力，让混饮的口味更为丰富。它与姜汁啤酒的混饮有干姜味道，口味持久。椰子水则非常老道地与橡木的干涩感发生联系。它调制的古典鸡尾酒更有深度，但我感觉比较难以平衡。

赏味评分			
4.5	椰子水	4	克莱门小柑橘汁
4	姜汁啤酒	3.5	可乐
3	古典鸡尾酒		

罗恩·杰里米
RON DE JEREMY
酒精浓度40%

由于这款朗姆酒以一位成人电影的男演员（他们是这么告诉我的，我并不熟悉他的作品）命名，你可能会认为这是一种以名字为噱头的营销手段，而不会太过关注朗姆酒本身。事实并非如此。这是一款优质的朗姆酒。它曾经产自巴拿马，现在由巴巴多斯、特立尼达、牙买加和圭亚那的壶式和柱式蒸馏的朗姆酒调和而成。其中最老的酒液酒龄为8年。

该酒的闻香纯净，包裹着焦糖和软糖的气味，随着热带奶昔的香味升腾而起，会有大量好闻的木质味道，紧接着散发出草本植物的清新气息。它的口感出奇地温柔。味蕾上铺满蛋奶糊和浓浓的坚果味，然后进入香蕉圣代的领地，刚好有足够坚实的橡木味衬托出丝滑的口感。

椰子水与酒混合后带来甜美的椰肉和焦糖香味，但略显油腻。和小柑橘汁的混饮有茴芹和些许杞果的味道，虽然口味不算持久，但也属上乘。与姜汁啤酒的混合口味辛辣绵长，有一点蜜饯的味道，可乐的味道久久不散——如果总体效果是可乐悬浮于混饮之上的话，那二者称得上是和谐共处。

该酒调出的古典鸡尾酒既甜又带些许的雪茄味。之后香草味横冲直撞，达到有些凌乱的顶点。

赏味评分			
3.5	椰子水	4	克莱门小柑橘汁
3	姜汁啤酒	3	可乐
2	古典鸡尾酒		

朗姆酒吧金朗姆酒4年
RUM-BAR GOLD 4-YEAR-OLD
酒精浓度40%

这款朗姆酒来自牙买加沃斯公园庄园（见第83页），是由不同类型的壶式蒸馏朗姆酒调和而成。朗姆酒吧金朗姆酒在田纳西威士忌桶中经过了至少4年陈酿。这个时间被认为是该酒庄的最佳陈酿时间段：酒液与橡木桶达到了理想的平衡状态。这也在此款酒中得到了验证。该庄园酿制的朗姆酒香气纯净，但壶式蒸馏风格浓厚，特色鲜明，闻香略清淡，有干涩的橡木味；甚至有些精致的白蜡木的气息和一丝隐藏很深的刺激性气味。入口先是野茴香的味道，然后变为茴香花粉、硬糖、果汁糖和浓郁的糖浆味，中段会切入杏仁的味道。余韵清爽、干涩，没有糖果的味道。

沃斯公园的优雅使牙买加朗姆酒特有的臭味在混饮中大展活力。它和小柑橘汁混合后口感清爽，虽然口味停留短，但还算不错。与椰子水的混饮开始有青草气息（想想女贞树篱），然后浮现出榛子和鲜花的味道。姜汁啤酒会延长混饮的口味，而该酒与可乐混合通常最需要技巧，调出的混饮有葡萄干、酒渍樱桃和桑葚的味道。

这款朗姆酒调制的古典鸡尾酒清淡干净，带有泥土的气息，干水果味与香蕉味之间的平衡恰到好处，还有茴香和杏仁软糖的味道。酒体可能不算厚重，但不失为一款佳品。

赏味评分			
4	椰子水	3.5	克莱门小柑橘汁
4.5	姜汁啤酒	5	可乐
3.5	古典鸡尾酒		

圣卢西亚酿酒厂董事长珍藏版

SAINT LUCIA DISTILLERS CHAIRMAN'S RESERVE

酒精浓度40%

作为极具创新精神的朗姆酒生产商之一，圣卢西亚酿酒厂将自身潜力发挥到淋漓尽致，打造了8款不同的朗姆酒。他们使用了两种原料（糖蜜和甘蔗汁）、2种酵母菌和2种蒸馏方式。该厂的科菲蒸馏器酿制出3款酒：1款白朗姆酒，2款陈年朗姆酒。该厂的约翰·多尔蒸馏柱中只有一个以甘蔗汁和糖蜜为原料，其余都只用糖蜜酿制朗姆酒。他们的旺多姆壶式蒸馏器使用甘蔗汁和糖蜜共同酿制朗姆酒。

这款董事长珍藏版是由壶式蒸馏朗姆酒和科菲蒸馏器酿制出的朗姆酒调和而成，两种酒液的平均陈酿时间为5年，先放入新橡木桶中陈酿9～12个月，然后再放入波本桶中陈酿，调和之后再放入木桶使两种酒液结合一段时间。闻香的开端是相当浓郁的壶式蒸馏的芳香：香蕉酱、椰子和枫糖浆的味道。这种浓厚的奶油味会延续到味蕾上，口感柔软而黏稠，之后又稍变干涩，为澳洲坚果、杏干、茶中的单宁、蜂蜜和炖煮水果的味道。

该酒与姜汁啤酒的混饮有青柠的辛辣味，和小柑橘汁的搭配得体而温和，和可乐混合后也比较柔和，只是味道有些松垮。与椰子水的混饮口味最佳，因其富有层次的品质；这是一款很棒的落日晚饮或是餐后饮品。它调出的古典鸡尾酒以橡木的味道衬托出一切，但又有足够的甜味来平衡。是一款口感浓郁的鸡尾酒，有山核桃味的余韵。

赏味评分

4	椰子水	3.5	克莱门小柑橘汁
3.5	姜汁啤酒	3.5	可乐
4	古典鸡尾酒		

圣尼古拉斯修道院5年
ST NICHOLAS ABBEY 5-YEAR-OLD
酒精浓度40%

圣尼古拉斯修道院建于1650年前后，由本杰明·博林格中校（Lieutenant Colonel Benjamin Berringer）建造，是西半球仅存的3座詹姆士一世时代的建筑之一。1746年10月19日，它被作为结婚礼物送给了约翰·盖伊·阿莱恩（Sir John Gay Alleyne）爵士。自1834年起，该产业为凯夫家族所有，直到2006年，拉里和安娜·沃伦（Larry and Anna Warren）买下了它，并开始重建——对我们来说最重要的是——开始生产朗姆酒。

他们早期的产品由理查德·希尔（Richard Seale）酿制并调和，但这款朗姆酒是以修道院自产的甘蔗（甘蔗糖浆）为原料，在混合壶式蒸馏器中酿制。未加糖。该酒的闻香高调而芬芳，带来杏仁软糖、桃子、脆橡木、香芹根、青香蕉和奶油的味道。兑水后会产生墨水般的温热香味。它的口味纯洁而干净，朗姆酒本身和橡木桶都带来奶油般柔滑的口感。

巴巴多斯朗姆酒总是将其复杂的内核隐藏在一个看似低调的外表之下，不过与调饮混合时它们总能发光——对这款酒来说可乐是个例外。小柑橘汁增加了混饮的口味与档次；与姜汁啤酒混合后有葫芦巴和辛香味，余韵干爽。椰子水提升了混饮的口感，香甜的滋味浑然天成，口味依然干爽。用它调制的古典鸡尾酒清淡优雅，让我联想到阳光透过窗口洒进老式房间。

赏味评分

5*	椰子水	4	克莱门小柑橘汁
4.5	姜汁啤酒	3	可乐
4.5	古典鸡尾酒		

史密斯和克罗斯
SMITH & CROSS
酒精浓度57%

新一代的提基鸡尾酒爱好者们发出了呼喊："我们需要臭味。一定要有臭味！"他们需要的是传统牙买加壶式蒸馏朗姆酒，但这已经是明日黄花。进入史密斯和克罗斯酒厂，或者更准确地说，进入汉普顿庄园，这里为该酒提供两种原液，一种是6个月酒龄，酯含量达到伟德伯恩级别的朗姆酒，辛辣而厚重，另一种是18～36个月酒龄，酯含量是普鲁莫级别的朗姆酒，酒体适中，有适度的果味。

该酒闻香馥郁，混合了水貂油和菠萝酯的气味，之后发展为金色糖浆和腐烂水果的古怪咸香味，还不时有多香果和樟脑的气息。它的口感饱满、干涩而又紧致。酒精急速推进，壶式蒸馏的厚重感则起到了刹车的作用，释放出烤栗子和榅桲糖浆的味道，覆盖在味蕾上。

调饮们都如堕泥淖。椰子水在混饮中气哼哼地一闪而过。姜汁啤酒则让混饮太过油腻。可乐带来一种黑樱桃酒的口感，不过显然有些碍手碍脚。只有小柑橘汁迈向了光明大道，用它调出的混饮深邃而迷人。

这款朗姆酒在古典鸡尾酒中仍然保持着原汁原味，搅拌过后，更多的菠萝和香蕉味道散发出来，中段口感柔和醇厚。这是一款自视颇高的朗姆酒，但正如乔治·克林顿（George Clinton）所说，臭味本身就是一种奖赏。它是调制潘趣酒和提基鸡尾酒不可或缺的材料。

赏味评分			
2	椰子水	4.5	克莱门小柑橘汁
3	姜汁啤酒	3.5	可乐
4	古典鸡尾酒		

海军上将罗德尼陈年
ADMIRAL RODNEY EXTRA OLD
酒精浓度40%

这款朗姆酒以一位英国海军将领的名字命名，他于1726年从法国人手中夺取了圣卢西亚岛，这款年份较长的朗姆酒（平均陈酿时间为10年），或许颇出人意料，是100%柱式蒸馏朗姆酒，不过圣卢西亚酿酒厂有他们的独门秘籍。他们使用自己的2号酵母，这种酵母是从甘蔗里的酵母中培养出来的，有助于将朗姆酒中的香味化合物提升出更丰富的层次。酒液会从精馏塔的不同位置取出，风味的光谱由此进一步扩大。闻香的开端就显示出该酒成熟的特质，有光滑丰富的木质香气、烤坚果和大黄果酱的味道，背后还有隐隐的药草气息。口味上更甜，有一种更丰富的（烘焙）水果味，之后是杧果干味。它复杂而又圆润，余韵中有坚实的单宁味叠加于味蕾之上。

这款朗姆酒很平衡，如泰山般稳健有力，应该用它调制混饮么？是的，如果你知道如何选择的话。不要选择可乐，除非你确实喜欢木头味。它和姜汁啤酒的搭配无法让人兴奋起来。但混合椰子水后凸显了这家酒厂的特色，提取了更新鲜的元素，让闻香更为馥郁。它与小柑橘汁混合后将有充沛的热带水果味在等着你，满满的能量和温柔的甜蜜并存。不过让这款酒大放异彩的还是古典鸡尾酒，调出的酒更加富于层次，泥土的气息伴着树脂、丁香花等浓郁的香气。口感层层叠加，绵长而又丰厚，强烈推荐。

赏味评分			
4.5	椰子水	4.5	克莱门小柑橘汁
3.5	姜汁啤酒	2.5	可乐
5*	古典鸡尾酒		

艾普顿庄园12年稀有珍藏

APPLETON ESTATE RARE BLEND 12-YEAR-OLD

酒精浓度43%

艾普顿庄园最早生产朗姆酒的记录是在1749年，但很可能他们早在将近一个世纪前就开始酿制朗姆酒了。这使它成为朗姆酒的伟大宝库之一，不仅因其周边地区富饶的自然风土，还因其所承载的文化风土。这款稀有珍藏是汇集庄园所有特色之大成的朗姆酒。该酒深沉而辛辣，但所有元素都在掌控之中且平衡有度——这一点对加勒比标准的陈年朗姆酒来说十分难得，因为它们很容易就能浸染上橡木的味道。该酒闻香有臭味，带着浓郁的烘焙浆果的香气，有壶式蒸馏的厚重感，还有巧克力的味道。加水后会激发出金橘、摩卡和焦糖布丁的香气。它的口味由适中慢慢过渡到浓厚，有轻微紧致感，带着成熟果实、劲道十足的糖蜜、水果干和苦味巧克力的味道。

能称得上百搭的朗姆酒并不多，这款算是一个。它和椰子水混合后口味延长了，带有一些烤木料的气味和山里的臭味；小柑橘汁能在糖蜜味道散发时带来泥土的气息。和姜汁啤酒的混饮厚重而富于层次，余韵平衡。可乐会让糖蜜的味道在中段口感上更加浓烈。用该酒调出的古典鸡尾酒，橡木的味道升腾开来，释放出优雅成熟的气息：皮革和熟透的水果味。这杯鸡尾酒不适合慢慢喝哦。

赏味评分			
4.5	椰子水	5	克莱门小柑橘汁
4.5	姜汁啤酒	4.5	可乐
5	古典鸡尾酒		

卡罗尼15年，维勒
CARONI 15-YEAR-OLD, VELIER
酒精浓度52%

特立尼达岛的卡罗尼酿酒厂已经停产，维勒公司的卢卡·加尔加诺（Luca Gargano）是该厂剩余库存的主要持有人之一。这款酒体现了该酒厂特色中轻盈的一面，但在浆果味和黄油烹饪的甜香料的气息中仍然保留了油脂的味道。你会适时地闻到很克制的橡木味，之后是山核桃木炭的烟味。这是一款率直优雅的朗姆酒。它的口味更加芳香，让迥然不同的元素和谐共处，而一丝厚重感体现出该酒的结构与力量。它不适合兑水，但加一个冰球会不错。

用它调制混饮就像旁观一场闪电般的相亲大会，卡罗尼就像个傻瓜一样坐在角落，无人问津。和椰子水混合后有淡淡的橡木味，但也仅此而已。可乐看似很有希望——混饮的闻香有浓浓的黑加仑的味道，但在味蕾上无法和谐相融。和姜汁啤酒混合后有薄荷香但口味短暂。最后一个和卡罗尼见面的是小柑橘汁，此时一切感觉都对了。

这款朗姆酒在古典鸡尾酒中一开始羞羞答答，然后就释放出一股强烈的清漆的味道，所以还是让它孑然一身吧——或者和它心爱的小柑橘汁在一起。

赏味评分			
2.5	椰子水	5	克莱门小柑橘汁
3	姜汁啤酒	2.5	可乐
3	古典鸡尾酒		

朗姆酒

卡罗尼1999（2015装瓶），朗姆国度

CARONI 1999 (BOTTLED 2015), RUM NATION
酒精浓度58%

欢迎品尝特立尼达风格的臭味。这款酒的闻香有卡罗尼所特有的抛光家具和刚打过鞋油的靴子味，之后医院走廊般的气息能把你带到艾雷岛。在这古怪的油脂和酚类味道之上是葡萄干曲奇、篝火和糖浆烤饼的味道。这是一款厚重的朗姆酒，兑水后烟熏味会更重。它是为卡罗尼的铁杆粉丝准备的，可能不适合初试者。

那么问题来了：有没有和它搭配的调饮呢？答案很简单：没有。和椰子水混合后的气味就像是凌晨三点的加油站前院。小柑橘汁掩盖了朗姆酒的味道。和姜汁啤酒混合后像是被汗浸湿的马鞍——尽管有些人喜欢这种味道。可乐算是表现最好的，但你仿佛是骑着一辆老哈雷戴维森在潮湿的丛林中高速穿行。

用这款酒调出的古典鸡尾酒里的油脂味道更多了，同时还会产生一丝奇怪的草莓味，伴着添加了防腐剂的奶油味。你仿佛置身于医院（可能是骑摩托车时出事故了？）。下次，还是喝纯的吧。

赏味评分			
2	椰子水	2	克莱门小柑橘汁
2	姜汁啤酒	2.5	可乐
2.5	古典鸡尾酒		

多利12年
DOORLY'S 12-YEAR-OLD
酒精浓度40%

1906年通过的《朗姆酒关税法案》在巴巴多斯建立了一个双重体系。由于酿酒厂只能整桶批量出售，葡萄酒和烈酒商人开始创立自己的品牌。马丁·多利（Martin Doorly）就是其中之一，他在20世纪20年代创立自己的同名品牌。1992年，该品牌成为RL希尔（RL Sealed）投资组合的一部分。

这款酒很好地体现了理查德·希尔对于木桶材质的思考。该酒是由壶式和柱式蒸馏的朗姆酒调和而成，90%的酒液在波本桶中陈酿了12年，其余的则在马德拉葡萄酒桶中陈酿12年。马德拉桶赋予了该酒微红的色泽，你会立刻闻到甜水果干、氧化的坚果、橘子酱、香草和糖蜜的味道。随着时间的推移，壶式蒸馏产生的雪松和皮革的经典成熟气息就会浮现出来。它的口感平衡而浓郁，柔和地在味蕾中部聚集，有葡萄干水果味隐藏其下。它馥郁而不甜腻；强健但不沉重。

该酒调制混饮时表现有所起伏。姜汁啤酒加入其中便不见了踪影。和小柑橘汁混合后有青杧果的香气，余韵有些干涩，还算马马虎虎。但椰子水会将这款朗姆酒的优雅特质放大。和可乐的混饮会变成朗姆酒葡萄干味令人满意。话虽如此，陈年朗姆酒还是要经过古典鸡尾酒的考验。对这款酒来说，水果干的味道是鸡尾酒中的平衡剂，在柔顺而又如涟漪般悠长的口感中，散发出樱桃派的新气息。强烈推荐。

赏味评分			
4	椰子水	3	克莱门小柑橘汁
2.5	姜汁啤酒	4	可乐
5*	古典鸡尾酒		

埃尔多拉多12年

EL DORADO 12-YEAR-OLD

酒精浓度40%

钻石酿酒厂惊人的各式蒸馏器的收藏证明了圭亚那酿酒师们的理念，即圭亚那所产的不同品类朗姆酒各自的特性归根结底是由蒸馏器决定的。如今，这家酿酒厂拥有10套蒸馏设备：1套双壶式蒸馏器（莫兰特港蒸馏器Port Mourant）、1套木质单壶式蒸馏器（凡尔赛蒸馏器Versailles）、1个木制科菲蒸馏器（Enmore）、2套萨瓦尔蒸馏柱（Uitvlugt）、3套金属科菲蒸馏器，1套双柱式蒸馏塔和1套五柱式蒸馏塔。

该厂的每种朗姆酒都是用每套蒸馏设备酿制出的不同品类的酒液调和而成的。这款12年混合了"现代"钻石科菲蒸馏器酿制的酒液和双壶式蒸馏器酿制的浓朗姆酒。它的闻香有紫罗兰的元素，之后变为石南果实的香气。给人以丰厚圆润的感觉，满满的果味之后是椰子油和糖浆的味道。它的口感宽厚甘甜，层层叠加，有桑葚果酱、甘草、黑豆蔻、胡椒、柔软的水果和醋栗的味道。之后会发展出轻微的苦涩口感。这是一款老式的圭亚那甜朗姆酒。

该酒与可乐的组合松松垮垮。不过，小柑橘汁能给混饮注入一剂强心针，姜汁啤酒也与壶式蒸馏的元素齐头并进，增添了丰富的中段口感，让余味更加清新。椰子水让混饮具有复杂性并且在干涩中获得了平衡。该酒调制的古典鸡尾酒冲击力巨大，但没能彰显出这款朗姆酒所蕴含的复杂性。

赏味评分			
5	椰子水	4	克莱门小柑橘汁
4	姜汁啤酒	2	可乐
3	古典鸡尾酒		

埃尔多拉多15年
EL DORADO 15-YEAR-OLD
酒精浓度43%

公平地说，这个品牌一举开创了高端朗姆酒的新浪潮。德梅拉拉酿酒有限公司富有远见的董事长叶苏·佩尔绍德认为：在仅仅依赖大批量、低利润的批发出口之外，还应该有别的选择。他决定用一款陈酿15年的朗姆酒来支持这一想法——在20世纪90年代，15年这个酒龄对于朗姆酒来说是前所未闻的——这也大胆昭彰地声明了他的野心。

这款调和酒的酒液来自木质科菲蒸馏器、金属科菲蒸馏器、莫兰特港木质双壶式蒸馏器和凡尔赛木质单壶式蒸馏器。该酒闻香以壶式蒸馏的气味为主导，咖啡香气中混合着黑香蕉、P. X雪莉酒和一丝荧光笔的味道，一丝烟熏味升起后，会出现糖蜜混着热带风暴过后潮湿泥土的气味。品味的途中会升起甘草味，还有微妙的木质味道，余韵（非常）甜美。这款酒蒸馏特色明显，不是以橡木桶气味为主导。

该酒和椰子水混合后有一股药水味，让人感觉这款朗姆酒仅仅是出于礼貌才勉强接纳了这个调饮。令人惊讶的是，朗姆酒的口味居然被深藏在小柑橘汁之下。与姜汁啤酒混合后也有轻微的药味。虽然可乐可以凸显出该酒黑香蕉的元素，但中间的口味开始变甜时，平衡就被打破。它调制的古典鸡尾酒，口味像是朗姆酒浸泡在木材中，都是李子和黑加仑的味道。它颇具份量与深度，但太甜了。喝的时候要加冰。

赏味评分			
3	椰子水	3	克莱门小柑橘汁
3	姜汁啤酒	2	可乐
3.5	古典鸡尾酒		

梅赞XO牙买加

MEZAN XO JAMAICA
酒精浓度40%

梅赞系列背后的理念是展现原汁原味的朗姆酒：没有焦糖着色、不加香料、不加糖，或不经冷却过滤。该系列大部分都是来自单一庄园的朗姆酒，这一款除外，由来自沃斯公园和蒙尼木斯克两家的酒液调和而成。

该酒色泽很浅，体现出它是在再次灌装的酒桶中陈酿，这款酒全面展示了牙买加风格，有烟熏的酚类、菠萝、清油和大量柠檬的味道（类似于朗庞德酒厂的产品）。然后壶式蒸馏的力道开始凝聚，在辛辣的香气之上产生了稍纵即逝的丙酮味。就像路过一家美甲店，而不是坐在美甲店里。它的口感开端清淡，有清爽的猕猴桃、糖蜜和可口的酸度。菠萝（现在是烤过的）味道再次浮现，加水后有些许奶油橡木味。

和椰子水混合后，这款朗姆酒的淡橡木味和牙买加壶式蒸馏的十足劲道成为了主宰，所有与调饮和谐相处的努力都付诸东流。试着用它和可乐混合实属徒劳。但姜汁啤酒效果不错，因为没有橡木味，使得混饮口感清爽，更具风味并有柠檬的香气。无独有偶，小柑橘汁在调饮中再次胜出，它的果味与朗姆酒的菠萝味融合，凸显出香蕉的香味，让这款混饮成为骄人的能量饮料（可能富含钾）。该酒调出的古典鸡尾酒比较厚重，但因缺乏更有活性酒桶的影响，这款朗姆酒也缺少些层次。如果不太确定的话，就小口纯饮吧。

赏味评分			
3	椰子水	4	克莱门小柑橘汁
4	姜汁啤酒	3	可乐
3	古典鸡尾酒		

凯珊XO
MOUNT GAY XO
酒精浓度43%

  凯珊这款陈年较长的朗姆酒具有底蕴深藏的气质；酒液的成分陈酿了8～15年之间，有显著的壶式蒸馏的特色。闻香有浓郁的橡木味，类似莫扎特力娇酒（糠酚）的香味弥漫在雪茄盒中，还有水果干、淡葡萄干和旧皮质扶手椅的味道。不过，自始至终都有糖蜜的气味暗中涌动。凯珊所特有的蜜饯柑橘味之后的黑樱桃酒和烤椰子的味道在味蕾上升腾而起。兑水后会使其结构更加稳固。这是非常不错的餐后朗姆酒，再来一支罗密欧与朱丽叶雪茄即堪称完美。

  随着酒龄与酒体结构的变化，朗姆酒与调饮之间的相互作用也会发生变化。对于清淡新鲜的朗姆酒，调饮有助于呈现其复杂的口感。一旦朗姆酒进入熟化阶段，橡木味就会更加突出，制造更多的障碍。对于这款酒来说，和小柑橘汁的混饮颇有深度，微微偏干。与姜汁啤酒的混合称不上精妙，所有元素全盘托出但缺乏协调。可乐激发出酒中皮革的味道。而椰子水则让混饮带有接近植物汁液的口感。

  总地来说，古典鸡尾酒是最佳选择。有草本香料、玫瑰花瓣、柑橘和在甜味中带点宜人苦味的味道。事实上，它相当可爱。

赏味评分			
3	椰子水	4	克莱门小柑橘汁
3	姜汁啤酒	3.5	可乐
4.5	古典鸡尾酒		

蔗园朗姆酒牙买加2001
PLANTATION RUM JAMAICA 2001
酒精浓度42%

　　这款朗姆酒发酵时间长，由单壶式蒸馏器酿制，酯含量高，酿出的酒液先在牙买加陈酿11年，然后在法国干邑区二次熟化，并于2014年装瓶。它的闻香内核是如假包换、铺天盖地、决不妥协、油性（乳胶漆）、又略带树脂味的牙买加风格臭味，之上是菠萝、丝滑杧果和番石榴味，然后是杏仁软糖的香气。它的口感起初比较清淡，中间甜味与橡木和皮革油的味道交相辉映，之后薄荷醇的味道就会将一切包裹。兑水后让该酒更上一层楼，口感更平衡，还增加了些许橘子、苹果太妃糖和生姜的香味。

　　它和可乐的混饮有种招人讨厌的油腻感。姜汁啤酒让混饮更辛辣，更活泼地呈现出臭味。小柑橘汁则突出了朗姆酒中的果味，虽然口味较短，但相当不错。和椰子水混合后有大量的香蕉和糖蜜味道，仿佛带你回到牙买加。

　　在古典鸡尾酒中，任何东西都很难隐藏；它能暴露朗姆酒的缺点，也能激发出新的风味，比如该酒中的烟熏味道。这款朗姆酒自身的甜味基础也在鸡尾酒中得到了增强。总而言之，我认为享受这款鸡尾酒的最佳方式是斟上一杯，加一块冰——再点上一支雪茄，如果你喜欢雪茄的话。

赏味评分			
3	椰子水	4	克莱门小柑橘汁
3.5	姜汁啤酒	2.5	可乐
3	古典鸡尾酒		

蔗园20周年纪念XO

PLANTATION XO 20TH ANNIVERSARY
酒精浓度40%

蔗园朗姆酒是富于进取精神的亚历山大·加布里埃尔（Alexandre Gabriel）的创意，他不仅执掌皮埃尔费朗干邑，还创造了巍城金酒、橙皮甜酒，以及其他若干烈酒。他采用了干邑的熟化方法，将装在美国橡木桶中陈酿的朗姆酒从加勒比地区运到法国干邑区，在那里再装入小木桶中二次熟化一段时间。这款XO是为了庆祝亚历山大执掌费朗20周年而打造的。它由巴巴多斯壶式蒸馏和柱式蒸馏朗姆酒调和而成，在干邑桶中陈酿18个月。该酒闻香浓郁，带有微微的烟熏和树脂味，以及一丝蓝纹奶酪的气味——陈腐朗姆酒？质感丰富的香气继续散发出五香料、防晒霜，然后是高良姜和玫瑰的味道。它的口感很冲而且甜蜜，有椰子、杏和杜果的香味，一丝法勒南甜香酒的味道之后是黑加仑味。随着味道的散发更浓厚而暗沉。

这款酒有种巴巴多斯朗姆酒中不常见的超甜的味道，让其与可乐的混饮淹没在甜味中，并完全压制了姜汁啤酒的味道。和小柑橘汁混合后产生的烘烤木头的味道会影响口感。椰子水是个天然好搭档，尽管混饮很像椰蓉士力架的味道。用它来调古典鸡尾酒就比较稳妥了，香气中增加了柑橘味。一切都平衡有度，甜味、果味、苦味和辣味以一种令人眼花缭乱的方式凝聚在一起。边喝边抽一支雪茄也不失为一种选择。

赏味评分			
4	椰子水	3.5	克莱门小柑橘汁
3	姜汁啤酒	3	可乐
5	古典鸡尾酒		

RL希尔10年
RL SEALE'S 10-YEAR-OLD
酒精浓度43%

希尔家族自1820年开始涉足巴巴多斯朗姆酒贸易。RL希尔公司成立于1926年，从事朗姆酒的调制与批发业务，1995年进入酿制领域，那一年大卫·希尔爵士（Sir David Seale）和他的儿子理查德（Richard）买下了当时已经废弃的四方糖厂（成立于1636年），并将其打造成加勒比地区最具现代化和前瞻性的酿酒厂，配有真空蒸馏柱、壶式加反应罐蒸馏器和探索性的木制装置。理查德对朗姆酒有着相当直率的看法，他也是推进"无糖"运动的先锋。

这款酒的闻香前调是塞维利亚酸橙和多汁的热带水果味，在香味稍淡的时候，也可以感到一个很清晰的坚实框架（没有使用糖来掩饰紧致感）。加入水后，会产生烤榛子的香气。口味的前段清爽而凝聚，有大量甜香料和苹果的味道。兑水可以让口感更为浓厚，有蜂蜜的深度，还有橘子皮的味道带来的一丝穿透力。这款朗姆酒很适合单一麦芽威士忌的爱好者。

用这款酒调制混饮就像一次无趣的学术练习。它让姜汁啤酒淡而无味，与可乐水火不容，使小柑橘汁退避三舍。就算椰子水出马，调出的混饮也就是随便喝喝的水准。不过，进入了古典鸡尾酒的领域，你将会体验一段悠然而踏实的异国风味旅程，从甘甜到丰醇，从辛香滋味到异国情调，都在你面前——展开。

赏味评分			
3	椰子水	3	克莱门小柑橘汁
2.5	姜汁啤酒	2	可乐
5	古典鸡尾酒		

农业朗姆酒、法属地区朗姆酒和海地朗姆酒

一直喝糖蜜酿制朗姆酒的人很难领会甘蔗汁酿制朗姆酒的好处。这种朗姆酒芳香不同，结构更细腻，口感干涩。同样，喝惯了甘蔗汁酿制朗姆酒的人也很难欣赏糖蜜酿制的烈酒——植物的质感哪里去了？为什么没有矿物质/海洋的气息？花香为什么毫不明显？哪来这么多甜味？

农业朗姆酒不会改变，所以那些糖蜜阵营的人需要训练他们的味蕾，换种思路去体验一个全新的风味世界。拥抱那些植物的气息、强烈的辛香、红色果实的味道和盐溶液的品质；陶醉于陈年品类中精致的单宁感和清晰的结构。

这些世界级的烈酒应该会吸引那些喜爱苏格兰单一麦芽威士忌的人；因为它们具有青草香、辛辣感与和谐（但明显）的橡木味。它们也反映了各自的风土：收获时的自然状况、甘蔗田的地理位置、甘蔗的品种，以及蒸馏装置的细微差别。

这里也有几个远亲——两款糖蜜酿制的法国朗姆酒，以及三款海地产的朗姆酒。其中两款是陈年的，被归类到农业朗姆酒名下。另一种是克莱因酒，将朗姆酒带入一个全新世界，与梅斯卡尔酒有异曲同工之处。谁说朗姆酒很简单？

小潘趣是最适合用农业朗姆酒调制的鸡尾酒，这里我选它来做试金石。

巴利白朗姆酒
J BALLY RHUM BLANC
酒精浓度50%

尽管巴利酿酒厂于1989年关闭了，但这个品牌的朗姆酒现在由马提尼克岛的圣詹姆斯酿酒厂酿制，使用克里奥尔蒸馏柱。这款酒的闻香比岛上生产的其他白朗姆酒略丰满一些，入鼻更圆润，有温润的泥土气息和坚实感。在玻璃杯中放置一会儿就会释放出威廉梨和一点杏皮的气味。

该酒的口感带着些许海洋气质，（怪异地）让人联想到新鲜的带壳虾。口味的中段开始偏向陆地气息，有柔和饱满的瓜果香，然后是闻香中湿润泥土的味道。兑水后，一切都开门见山了。最终留下一个宽阔但坚实、干涩而又紧致的余味——证明了朗姆酒饱经岁月后会更加放松。

在调制小潘趣时，这款酒却展现出了很强的表现欲——几乎到了精致易碎的程度，事实上，柑橘的味道提升了香气，带来令人为之一振的酸爽。之后，前调中的花香从矿物元素的内核中弥漫出来。

赏味评分		
3	小潘趣	

萨尤克莱因酒
CLAIRIN SAJOUS
酒精浓度51%

　　长期以来，人们一直认为海地只有一家朗姆酒厂。事实上有大约500家，几乎所有酒厂都生产一种叫克莱因的酒，就像梅斯卡尔酒之于龙舌兰。因此对待它也是同样：使用它自己的称呼，而不是其他甘蔗烈酒那套术语。该酒使用的甘蔗大部分都是有机的，由手工切割，使用野生酵母发酵，在各式各样的蒸馏器中酿制，大部分是壶式蒸馏器加小精馏塔。克莱因酒保留了与土地和社会的亲密联系。它是一种药剂、一种仪式的灵魂，也是一种饮料。可悲的是，这种酒的"发现"恰恰反映了西方世界对于海地的态度：误解、忽视、故意让其贫困。

　　不同的克莱因酒之间的差别主要源于甘蔗的品种、野生酵母的性质，以及酿酒师的技术。米切尔·萨尤酿酒厂位于圣米切尔拉塔拉耶地区（St-Michel-del'Attalaye），在一片面积为30公顷、种着不同品种甘蔗的种植园中央，该厂最著名的就是水晶（cristalle）这个品类，它是马提尼克农业朗姆酒AOC（法定产区）认证的最后一款甘蔗酒。该酒在壶式蒸馏器中经过二次蒸馏，酒精浓度为53.5%。

　　这款克莱因酒的闻香辛辣刺鼻，极为干涩，有强烈的草本气息和一丝油灰的味道。口味将你带回大地田野，有清甜的水果、陈腐的花朵、青草、当归、龙嵩和香蕉的味道。加水后会有水果的香气。该酒清新与老旧的特质兼备。适合纯饮。

赏味评分		
不适用	**小潘趣**	

克莱蒙蓝色甘蔗2013
CLÉMENT CANNE BLEUE 2013
酒精浓度50%

　　这款酒是克莱蒙于2001年专门推出的第一种由单一品种的甘蔗酿制的白朗姆酒。和所有农业白朗姆酒一样，该酒在不锈钢容器中放置一段时间以释放出挥发性强的元素。

　　它的闻香很冲，干涩而浓郁，有淡淡的植物气息，还隐隐有一丝灰尘/饼干的味道。不过，最终香气精致而清晰——尤其是加水后，会有更多的花香和植物气息，相当丰富并有紫罗兰的香气。

　　它的口感清爽，有脆梨、青豆（罐中发酵的长相思白葡萄酒）、黄色果实和苹果核的味道。稀释后干涩的口感被缓解了，有了一些新鲜的辛香。

　　用它调制小潘趣鸡尾酒，会有强烈的花香升腾起来，青柠油的味道穿透了植物的芳香。朗姆酒的整体特质都被保留下来，鸡尾酒中的糖又让口感中段增加了厚重与质感，余味中有一丝茴香种子的味道。

赏味评分			
4.5	小潘趣		

克莱蒙优选甘蔗
CLÉMENT PREMIÈRE CANNE
酒精浓度40%

这款朗姆酒使用了不同品种的甘蔗作为原料，主要用于供应酒吧。它被置于罐中存放了9个月，让酒精浓度慢慢降到40%——低于大部分的农业朗姆酒。

该酒的闻香充满了新鲜罗勒的气息和一点白巧克力味，之后是出现在不少白朗姆酒中的矿物/海洋的气味。它的植物气息没有蓝色甘蔗（见第142页）那么明显，香味更甜腻一些，兑水后会有柠檬果子露的香气。

它的口味纯净，甜度适中，带有一些粉末感和浅绿色水果的味道，之后会呈现出更多的青草和甘蔗叶的味道。对于那些习惯了传统朗姆酒排山倒海般生猛风格的人来说，这款酒有些轻柔，但这种低度酒可以让那些初尝农业朗姆酒的人更容易接受，而又不失其特性。这是一款纯粹、蒸馏特点突出的朗姆酒。

这款酒的矿物质特性在小潘趣中十分突出；这款鸡尾酒冰爽清澈，青柠的味道穿透力十足，散发出杏、番茄叶和草莓的气味。因为太可口了，所以要当心加糖的量——不要太甜哦。

赏味评分		
4	小潘趣	

克鲁克拉白朗姆酒
KARUKERA RHUM BLANC
酒精浓度50%

克鲁克拉是瓜德罗普岛上最早的酿酒厂，位于圣玛丽侯爵庄园的中央地带，该厂所产的朗姆酒由周围28公顷土地上种植的甘蔗酿制而成。这款白朗姆酒的原料是蓝色甘蔗。

该酒有清新的甘蔗香气，结构坚实，带一些热带的气息，柔软的柑橘味和一些甜味让前调温和而复杂。它更宽泛的品质开始慢慢展现，味道更加辛辣，之后就像是浸入了烂熟的水果中。兑水后有更多的粉状感——像炎热天气里一条热浪滚滚满是尘土的小路。

它的口感却大有不同：中度干涩，略带泥土味，有龙嵩和茴香的味道。加水后就体现出这是一款稳扎稳打、精心酿制的优质农业朗姆酒。

用该酒调制的小潘趣显现出了植物气息，带着类似丙酮的紧致感，伴有藤蔓花和豌豆苗的味道。这款鸡尾酒让农业朗姆酒的两面浑然一体：新鲜绿色的甘蔗香和果肉饱满的水果味。非常和谐而平衡。

赏味评分			
4	小潘趣		

内森白朗姆酒
NEISSON RHUM BLANC
酒精浓度52.5%

家族经营的内森酿酒厂是马提尼克岛规模最小的生产企业，他们使用的甘蔗种植面积为34公顷，位于炎热干燥的马提尼克岛西北的加勒比海岸，在勒卡维和圣皮埃尔之间。该公司成立于1931年，现在由格里高利·韦尔南·内森（Gregory Vernant-Neisson）经营。该公司使用铜制萨瓦尔蒸馏器酿制朗姆酒，发酵时间长于大多数酒庄（72～96小时），提高了朗姆酒的酯含量。这款朗姆酒由蓝色甘蔗酿制，这些甘蔗都种植在酒厂旁边靠近海边的蒂欧伯特。

该酒闻香很浓郁，比大部分朗姆酒都强烈，它丰醇、近乎油腻而饱满的厚重感带给你熟透水果的气味，让你仿佛置身植物园温室中。其中还伴有石榴、覆盆子（树叶和果实）和桃子罐头的香气。

这种芳香的气质在味蕾上得到了延续，在柑橘味的小小刺激过后就变为青草和近乎苔藓的味道。与其一同爆发的，还有灰尘感和海洋的味道，复杂而又丰富。

用它调制的小潘趣力道十足，然后是柿子味和番茄叶的刺鼻味。这款鸡尾酒需要多加一些糖来平衡植物气息、庞大的花香、甘草味和芳香、油质。

赏味评分		
4.5	小潘趣	

J. M白朗姆酒
RHUM JM BLANC
酒精浓度50%

J. M酿酒厂位于马提尼克岛西北端培雷火山的山坡上，四周是甘蔗田，还有菠萝和香蕉种植园。这款朗姆酒在克里奥尔蒸馏柱中酿制，原液的酒精浓度是72%，然后在不锈钢罐中存放4个月。

该酒闻香辛辣且有层次感，果香（成熟的和青的果实）大于蔬菜香。随着时间的推移，会有一丝木瓜的味道和附近果园飘来的香蕉味，之后青苹果的香气浮现出来，伴以新鲜甘蔗，还有该酒厂标志性的白胡椒气味。

这款酒在口味上再次展现出轻盈的矿物品质和饱满成熟的口感，加水后有更加滑腻的质感。干涩而丰盈的口感覆盖在味蕾上，胡椒粒与新鲜红色浆果的味道一直持续。这是一款强劲的白朗姆酒，结构非常清晰。

用该酒调制的小潘趣刚开始有一种粉末感。这款鸡尾酒所蕴藏的柔和品质，让中段口感呈现出令人惊讶的美味。青柠是关键，它激活了红色果实、柑橘和胡椒的味道，使余韵复杂而优雅。

赏味评分			
5*	小潘趣		

朗姆朗姆PMG
RHUM RHUM PMG
酒精浓度56%

　　这款白朗姆酒由维勒的卢卡·加尔加诺（Luca Gargano）和果酒酿制的天才领军人物詹尼·卡帕维拉（Gianni Capovilla）共同创造，在位于玛丽-加朗特岛的比拉酿酒厂生产，但酿造方式与当地其他朗姆酒厂大相径庭。该厂选用了一些当地的甘蔗作为原料，其中最值得注意的是被赋予了浪漫名字的B.47.258——红色甘蔗。

　　新鲜的甘蔗汁在20～22摄氏度的恒温槽中发酵7～9天，然后在装有保温池的壶式蒸馏器中进行两次蒸馏，而不使用单柱式蒸馏器。最后，酒液在不锈钢容器中放置1年再装瓶。

　　该酒的闻香芬芳，有菠萝、丰富的油脂、梨子干和覆盆子的香味。与其说是蔬菜味，不如说是一种异国水果的味道，像是砍断的甘蔗、青草和类似西柚的强烈柠檬酸的香气。渐渐地，矿物质/海边的气味散发出来——几乎像是盐水中的青橄榄。

　　这款酒的口味颇为矛盾地兼具浓郁的果味和极度的干涩感。需要加水将其平和。一直会有淡淡的，有些刺激的酒精味。

　　用它调制的小潘趣层次更为丰富，并且压制住了一些超出常规的气味。这款酒更加厚重而复杂，带一点干玫瑰花瓣的味道。呈上时一定要保持冰的温度。

赏味评分		
5	小潘趣	

萨瓦纳朗潭浓香
SAVANNA LONTAN GRAND AROˆME
酒精浓度40%

　　位于留尼汪岛的萨瓦纳酿酒厂建于1948年，自1992年以来一直在布伊斯瓦日（Bois-Rouge）的厂址酿制朗姆酒。该厂以甘蔗汁和糖蜜为原料，在一系列蒸馏柱中酿制。

　　这款白朗姆酒由糖蜜酿制，因其发酵时间相当长而被归为"浓香"风格。该风格通常被翻译成"高酯"，但对于这款酒来说，并没有太多牙买加那些极端例子中辛辣的菠萝味/胶水的味道。相反，它的闻香强烈并且有深沉的芳香。最先入鼻的是水果的香气：饱满、成熟的木瓜和哈密瓜，然后是香蕉、红醋栗和布拉斯李子。香气散出时，会伴有糖蜜的味道。

　　该酒入口芳香四溢，有着出人意料的灼热感。带着源源不断的生机与鲜明的个性。

　　用这款酒制作小潘趣貌似有些偏离正统，但出于打分的一致性，以及纯粹的好奇，我还是决定试试。在这款鸡尾酒中，水果味完全释放了出来，但和青柠组合后就成为了一款相当丰富的傍晚饮品。

赏味评分			
4.5	小潘趣		

巴利琥珀朗姆酒
J BALLY RHUM AMBRÉ
酒精浓度45%

巴利庄园（原名拉瑞Lajus）始建于1690年，但和众多种植园一样，它在1902年的培雷火山爆发中被毁。不久之后，雅克·巴利（Jacques Bally）买下了庄园，并开始全面转向朗姆酒的生产。现在，该庄园所有朗姆酒都是在圣詹姆斯酿酒厂酿制。

这是一款新鲜且相对年轻的朗姆酒——在木桶中陈酿了2年——它的闻香有巴利品牌特有的厚重：更丰盈，更湿润。这款更干涩一些，表明它是在法国橡木桶中陈酿：带一丝小豆蔻和干烤香料的味道。入鼻先是嗅到近乎轻微氧化的奶酪气味、干橡木味、坚果味，以及蒸馏原液中残留的蔬菜气息，让人想起在水中的花茎，湿石膏，之后是青色桃子的气味。

该酒的口味更精干、直接、颇为热辣，它的结构坚实，比巴利白朗姆酒（见第140页）有更多的泥土和草本气质，而绿色甘蔗的元素也会显现。然而，兑水后就会有焦糖的味道蔓延开来。

用该酒调制的小潘趣仍然保持了纯净的特质：清澈，深度适中，口感在甜味中加强，余韵是粉状的辛辣味。这是一款年轻又充满活力的鸡尾酒，还不错。

赏味评分		
3.5	小潘趣	

比拉陈年朗姆酒（超龄）
BIELLE RHUM VIEUX (HORS-D'AGE)
酒精浓度42%

现在的比拉种植园位于玛丽-加特朗岛，于1769年开始种植咖啡，1826年才开始制糖。庄园从19世纪后半叶开始蒸馏酿酒，之后随着欧洲甜菜糖产业的兴起，小蔗糖厂关闭，庄园开始专门从事朗姆酒的生产。

这款陈年朗姆酒先后在波本桶和干邑桶中陈酿4年。拥有淡琥珀的色泽，它的香气精致细腻，与马提尼克岛产的朗姆酒有很大不同，结构更加匀称。更具花香，而且我敢说，它更像干邑的味道，带着甜香料和新麂皮皮鞋的气味，之后是柠檬膏和柠檬蛋白派的香味。

该酒口味甘甜清爽，有清新的混合着花香香草和来自橡木桶的淡淡烟草的味道，充满活力而又有细致的单宁口感。这是一款非常迷人而可爱的朗姆酒。

用它制作小潘趣时，甘蔗汁的味道真正浮现出来。这种香味仿佛是正在碾碎甘蔗的酿酒厂散发出的甜美而令人兴奋的（但不是蔬菜的）香气。我选择了少加些糖，因为这款朗姆酒自身有足够的甜度。纯饮也同样不错。

赏味评分		
3.5	小潘趣	

克鲁克拉陈年朗姆酒特别珍藏

KARUKERA RHUM VIEUX RÉSERVE SPÉCIALE

酒精浓度42%

位于瓜德罗普岛的克鲁克拉（这个岛最初的名字）酿酒厂使用波本桶熟化，这是农业朗姆酒业日益增长的趋势，而不是使用更传统的干邑桶。这不仅让朗姆酒有更多的甜味，香草/椰子的元素，还减少了单宁的含量，使其保持一种更常见的芳香类型。

这款酒在波本桶中陈酿4年，闻香浓郁，有新鲜李子、甘草和类似皮革的古怪陈腐气味，对于这个酒龄的酒来说有些令人惊讶，可能是因为混合了年份长一些的库存酒，或是存放环境的温度较高。威士忌和干邑的爱好者会喜欢它的味道。它有一些肉豆蔻和树根的气味，然后是炖梨子香味和蜡味。该酒口感相当猛烈，有长胡椒、肉豆蔻烤榛子和甜水果的味道。之后会延伸为类似二手书店里的味道。

用该酒调制的小潘趣不那么出众，带着淡淡的焦糖味，之后变得太酸而难以完美平衡。加冰饮用最佳。

赏味评分		
3.5	小潘趣	

J.M朗姆酒XO（2014年装瓶）

RHUM JM XO (BOTTLED 2014)
酒精浓度43%

　　这款酒陈酿时间大约为6年，是该酒厂酒龄中等的朗姆酒。如果盲品的话，你可能会猜"苹果白兰地？"，因为它有非常纯净的苹果和梨的香气，之后有香料、油画布和茴芹的味道加入其中。水果的香味更长也更成熟，带着好闻的月桂/天竺葵的气息。兑水后它依然精妙，让人联想到经典的绅士古龙香水，有微微的粉末感。

　　味蕾上依旧是胡椒与更强烈的辛辣味和一点生姜味为主导。尽管在中段口感似乎更缓和成熟，但辛辣的灼热感和某种紧致的元素始终存在，好像所有芳香都暗流涌动，没有完全释放出来。

　　它调制出的小潘趣有更多的香蕉味，但干涩感仍然是主旋律。这款鸡尾酒结构精致，十分优雅，果味裹挟着甜美的香草和温和的油脂味融合进饮品中，让整体口感如虎添翼。

赏味评分			
5*	小潘趣		

萨瓦纳特酿5年

SAVANNA CUVÉE SPÉCIALE 5-YEAR-OLD

酒精浓度43%

　　这款朗姆酒产自留尼汪岛，由糖蜜酿制，是由萨瓦纳传统香型和浓香型酒液调和而成，其中浓香型的酒液是经过了2周发酵，在干邑桶中陈酿的。从闻香中可以感觉到使用的是比较老的橡木桶，因为橡木的味道柔和而又平衡。该酒闻香的前调是素馨花的香味，之后是番石榴和百香果的味道，之后的新鲜枣味体现出了陈年的特点，还伴有一丝香草、白巧克力和一些油脂的味道。

　　它的口感相当辛辣，有一些孜然和青豆蔻的味道，然后是葫芦巴籽，继而转变为糖蜜的味道——本身还带有蜂蜜的味道。余韵中的辛香会过渡为矿物质的特质。

　　这款优雅的糖蜜酿制的朗姆酒平衡而又复杂，值得更多关注。

　　这款酒是调制混饮的多面手，它制作的古典鸡尾酒非常精致，制作小潘趣也同样出色，口感更加辛香而绵长。

赏味评分			
5	小潘趣		

三河VSOP特别珍藏
TROIS RIVIÈRES VSOP RÉSERVE SPÉCIALE
酒精浓度40%

三河庄园位于马提尼克岛西南海岸的圣吕斯。它最初是一个大型甘蔗种植园的附属酿酒厂，从1905年开始专门生产朗姆酒，最初使用的是位于勒迪亚芒地区的迪扎克酿酒厂的设备。第二套蒸馏柱于1980年安装。2004年，他们的生产设备转移到了里维埃尔-皮洛特地区，但原来的蒸馏柱原封未动。

这款VSOP在法国橡木桶中平均陈酿了5年。它的闻香是典型的从显著的蔬菜香向更多果香与辛香过渡的农业朗姆酒类型，但又不失白朗姆酒的精致与干度。它有股椰子和香草的香味，渐渐过渡为肉豆蔻味，近乎巧克力和黑麦味道的浓度，之后散发出新鲜杏子的香气。

它的口味相对含蓄，有些许糖浆和橡木的风味：香草、烤面包、淡淡的烟熏、肉桂和更多的薄荷辣味。如果你爱喝四枝玫瑰波本威士忌的话，你会喜欢它的口味。

用该酒调制的小潘趣有种柠檬皮的活力，在味蕾上化为甘美的滋味，橡木的味道与整杯酒浑然一体，和谐相融。

赏味评分			
4	小潘趣		

巴利2000

J BALLY 2000
酒精浓度43%

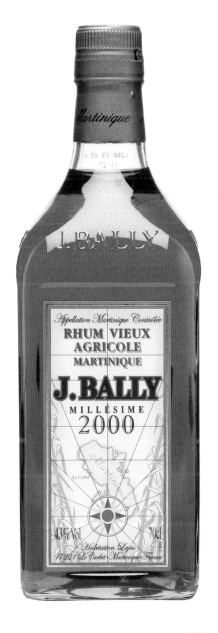

巴利酒厂存有陈酿时间较长的品类，他们出品的年份酒——至少在我看来——品质十分出色。这款朗姆酒的香味经典，混合了尘土飞扬的道路和暴雨过后盛开的热带鲜花的香味。

这个品牌的风格脚踏实地，直接而又古典。它的闻香有橡木味、烤栗子味，还有一种浓缩感和陈年感。开始时有橙子的味道，然后有一些紧致感，像是落在尘土中的花朵。它的口感很怡人，略有些复古，单宁含量较低，比闻香时所显现的要柔和、也更甜，带着新鲜木材的味道，之后变为松树汁的香味。

巴利旗下朗姆酒的干度有助于提升小潘趣的口感，坚实的成分与糖的甜度形成互补，这款鸡尾酒的呈现是最出彩的。非常具有农业朗姆酒的特色——而这正是巴利最擅长的。

赏味评分		
4.5	小潘趣	

巴班库特别珍藏8年

BARBANCOURT RÉSERVE SPÉCIALE ★★★★★
8-YEAR-OLD
酒精浓度43%

　　传奇的海地巴班库酿酒厂于1862年由杜普雷·巴班库（Dupré Barbancourt）在太子港的达拉斯大街（Le Chemin des Dalles）创立。巴班库来自法国的夏朗德地区，他采用酿制干邑的方法来生产朗姆酒。后来酿酒厂的所有权经由妻子转给外甥保罗·加德尔（Paul Gardère），之后由儿子让·加德尔（Jean）继承，他将酒厂搬到了家族庄园并扩大了生产。酒厂现在由蒂埃里·加德尔（Thierry Gardère）经营。巴班库酿酒厂雇佣了250名员工，并积极参与了大量非盈利项目，包括教育、卫生、体育和艺术。

　　他们的朗姆酒主要由甘蔗汁酿制，不过在收获期结束时，也会偶尔使用甘蔗糖浆来补充。巴班库称他们使用的是夏朗德壶式蒸馏法，但第一次蒸馏是在铜柱中进行，最初的酒液（克莱因酒）酒精浓度为70%。第二次蒸馏在壶式蒸馏器中进行，最终酒液的酒精浓度达到90%。熟化选用法国橡木桶。

　　这款朗姆酒的闻香优雅，有辛辣味，还有些氧化的元素，及新鲜的、烘烤的、丰满的黄色果实和洋蓟的香味。加水后会有一丝草本植物的气息。它的口感适中，有橘子、无花果、碎胡椒和低调的木材味。相当雅致。这款酒啜饮最佳，调出的小潘趣口感温润，柔和与辛辣相辅相成。

赏味评分

4	小潘趣		

荷马克莱蒙特酿，超龄
CUVÉE HOMÈRE CLÉMENT, HORS D'AGE
酒精浓度44%

农业朗姆酒的先驱荷马·克莱蒙于1887年买下了马提尼克岛东南部的红木庄园。现在改名为克莱蒙大宅，它仍然是一个旅游景点，有花园、画廊和农场房子。朗姆酒的生产地点在附近的西蒙厂址。

这款高端的朗姆酒是在利穆赞桶和再次烧焦的波本桶中陈酿，由不同酒龄的酒液调和而成，其中酒龄最高的是15年——这对于热带气候来说已经是相当长的年份了。

该酒的闻香首先是橘皮和丁香的味道，让人不可思议地联想到热带的格兰杰威士忌。它芳香四溢、婀娜轻柔，混合了果皮、百香果、杧果以及温和单宁的香气。兑水后，柑橘的味道就退了下去，好像被完全吸收了。它的口感精致，但没有闻香时那么芬芳，兑水后会有茴芹和柑橘的味道：口感后段有更多粉红西柚和柠檬的香味。加水后这款酒既严肃无比，但又有些轻佻。

不出所料，用该酒调制小潘趣时，柑橘的味道被放大了，释放出更多的金橘味，混合了先前被掩盖的绿色草本元素、青柠和粉状香料的味道。这杯鸡尾酒精致而丰富，温文尔雅，直至妙到极致——而且是招牌式亮相。

赏味评分			
5	小潘趣		

内森2004单桶（2015年装瓶）

NEISSON 2004 SINGLE CASK (BOTTLED 2015)
酒精浓度45.4%

这款单桶装瓶的朗姆酒，使用产自马提尼克岛戈迪诺高原的甘蔗独家酿制。酒液在波本桶（与内森更常见的使用30%的新法国橡木桶有所不同）中陈酿。它的闻香浓郁而成熟：证明了是在热带气候下进行了旷日持久的熟化，甚至木桶都对酒液起到了很规律的巩固作用。当然，风土也施加了影响。西北部的海岸干燥而阳光充足，这有助于缩短成熟周期。

它的闻香几乎和阿蒙提拉多雪莉酒一样，带着氧化的坚果味，但又像是拂过的樱桃烟斗丝、雪松、百合花的味道和白朗姆酒中红色果实（是烹饪过的）的香味。淡淡的矿物质、海洋的气息袭来，之后是粉状的玫瑰花瓣的味道。

该酒的口感同样芳香而浓郁，但有所提升，平衡而复杂。辛辣感出现了，增加了爽脆、甘甜和烘烤的元素，却并没有油腔滑调的感觉。它是农业朗姆酒中偏向黑朗姆酒特点的一款。

用它制作的小潘趣以橡木味为主导，因此更加辛辣，伴之以自始至终的复杂层次。这杯鸡尾酒富有底蕴、品质卓越，用该酒调制的古典鸡尾酒也同样出色（很多用波本桶陈酿的农业朗姆酒都是如此）。

赏味评分

5	小潘趣		

海地珍藏布里斯托尔经典朗姆酒，2004年酿制

RESERVE RUM OF HAITI, DISTILLED 2004, BRISTOL CLASSIC RUM

酒精浓度43%

这款酒在巴班库酿酒厂酿制，是干邑中最常见的"提早登陆"风格的一个例子。这个术语指的是将蒸馏出的酒液送到英国进行熟化——就是说比正常情况下提前到达目的地。

布里斯托尔烈酒公司位于格洛斯特郡威克沃的仓库（非常）凉爽潮湿，这是一种截然不同的环境条件，延缓了熟化的过程，生产出的朗姆酒更加优雅精致，受橡木桶的影响较小。

正如大家预想的那样，该酒的色泽相对于它的酒龄来说比较浅，闻香带有棉绒、玫瑰和酸黄瓜的味道，仍保持了蒸馏酒液的气味，而不是以橡木味为主导。它的口感是香蕉口香糖和巴班库产品典型的大量青甘蔗/橄榄的味道，味蕾上还带着温和酚味的海地臭味。

这种臭味元素混合了水果糖浆、更浓的香蕉和裹了胡椒的腰果的味道。这是一款让人放松又陶醉的朗姆酒，具有非常典型的那种朴素的"提早登陆"风格。

用它调制的小潘趣相当不错，青柠增加了柠檬酸的元素，甜味又削减了臭味。

赏味评分		
4	小潘趣	

J. M 朗姆酒2003（2014年装瓶）

RHUM JM 2003(BOTTLED 2014)
酒精浓度44.8%

J. M酿酒厂的历史可以追溯到1845年，当时让-玛丽·马丁（Jean-Marie Martin）买下了位于马提尼克岛偏远西北部的方普莱维尔甘蔗种植园。他们生产的农业朗姆酒独具特色，在我看来，最值得花时间来细细品味。

这款酒的闻香有该厂产品中典型的果香，尤其是菠萝味，比白朗姆酒的更浓，中和了单宁的气味。该酒由于在木桶中陈酿而变得更加芳香，内在白胡椒和干草的气味则依然保留。和内森的产品一样，它也充分反映了当地风土的作用。

它的口味优雅而成熟，些许丁香和淡淡的柠檬油的味道紧紧覆盖住味蕾并蔓延开去，精准而有力，回味悠长。

该酒调制的小潘趣鸡尾酒味道袭来更加迅猛，但也更干涩一些，有更多的橡木味和青豆蔻的辛香，和纯饮时的味道类似。稍微搅拌一下，这杯酒会更为和谐精致，更辛辣，余味好似甜蜜一吻。

赏味评分			
4	小潘趣		

朗姆朗姆自由2015
RHUM RHUM LIBERATION 2015
酒精浓度58.4%

不要在这款酒上找酿制时间。所有标明的年代都是朗姆酒从酒桶中"获得自由"的时间。就像酒瓶上写的:"这款手工制作的……朗姆酒是2015年一系列决策和行动的结果,因此本该产品独一无二。"我理解这句话的意思是詹尼·卡帕维拉和卢卡·加尔加诺查看了不同葡萄酒桶中陈酿的库存,然后从中挑选出他们所需的成熟风格的酒液。是的,他们用的是葡萄酒桶。朗姆朗姆的一切都与众不同,从长时间的发酵,到蒸馏过程,再到熟化的体系。

这款酒的闻香浓郁而高雅,有一些蜂蜡、皮革(暗示了取自陈年的库存)、巴西坚果和一点点油脂的气味。之后就变为铃兰、雪茄盒、轻微的烟熏橡木和一点桃子的味道,接着变干涩,带着一丝非洲灌木丛的刺激性香味,有些灰尘感又令人上头。口味上也有轻微的灼烧感,伴有烟草、苹果、漆树、石榴和一些酸酸的味道。这款厚重而桀骜不驯的烈酒颇能为其产地代言。

用它调制的小潘趣有烧焦的口感,带着很浓的烤焦木头的味道。青柠的味道受到了抑制,但还是在比较重的皮革味和树脂味之上增添了香气。这款酒大概还是纯饮最好吧。

赏味评分

不适用	小潘趣		

世界朗姆酒

　　每到有甘蔗生长的地方你就能找到朗姆酒，而有朗姆酒的地方你就能发现这个简单主题的千变万化。这意味着这一章节有些像大杂烩，每种朗姆酒之间并没有太多共同之处。不过，这也确实显示出这种烈酒的世界性特色。这也让你得以一睹调和酒的风采：将迥异的风格融合为一个连贯而复杂的整体，或是采用不同的陈酿技术和气候条件来炮制出全新的口味。你会在这里看到，创新精神和对卓越品质的追求并不局限于加勒比地区，而是已经遍及全世界。

　　最后，你会发现在消费朗姆酒的方面，印度走在了前列。朗姆酒是产自次大陆的烈酒，世界上最畅销的朗姆酒品牌都在那里生产。欢迎迈向世界。

阿穆老波特
AMRUT OLD PORT
酒精浓度40%

位于印度班加罗尔的阿穆酿酒厂于1947年由JN·拉达克里什纳作为阿穆实验室建立。该公司从1948年开始酿酒。现在，它最闻名于世的大概就是其高品质的单一麦芽威士忌，但它的老波特朗姆酒品牌目前也位列世界最畅销朗姆酒的第八名。

阿穆在威士忌酿制上的创新精神在朗姆酒板块也可见一斑。这款朗姆酒来自两种印度朗姆酒——调和了西印度群岛的牙买加、巴巴多斯和圭亚那的朗姆酒，和印度本地朗姆酒——绝对值得一试。这款老波特是以糖蜜为原料，柱式蒸馏的朗姆酒。它的闻香开端是浓郁的芳香，混合了黑加仑酱、橘子果酱、糖蜜、少许甜果仁、黑香蕉和一些肉桂的香味。它的口感清淡，香气在味蕾上延续：有土耳其软糖、巧克力苦精，生姜和青柠巧克力的味道。虽然甜度适中，仍有一丝单宁的紧涩感。

该酒与椰子水混合后有种奇怪的干酪味，椰子的味道浮在其上。它和可乐的混饮入口很棒，但滋味稍纵即逝；我倾向调一杯猛烈的短饮。和姜汁啤酒混合后有些油腻，但口感持久，带些巧克力味。与小柑橘汁的搭配则新鲜、圆润、颇有些浮夸。

用该酒调制的古典鸡尾酒又回归了橘子果酱的味道，带一些灼热感和臭味。它微甜，带着果汁口香糖的滋味。可以玩味一番。

赏味评分

2	椰子水	3.5	克莱门小柑橘汁
3.5	姜汁啤酒	3	可乐
3	古典鸡尾酒		

班克斯7黄金陈年调和酒
BANKS 7 GOLDEN AGE BLEND
酒精浓度43%

这个品牌以植物学家约瑟夫·班克斯爵士（Sir Joseph Banks）的名字命名，创建于2008年。据我的了解，班克斯并没有为人所知的喝朗姆酒的嗜好，但他的确周游世界去发现自然界的奇观，你可以认为班克斯的团队对朗姆酒也做了同样的探索。

这款酒由来自7个国家的8家酿酒厂所产的23种朗姆酒和亚力酒调合而成：特立尼达、牙买加、圭亚那、巴巴多斯、危地马拉、巴拿马和一些巴达维亚亚力酒（酒标上的"7"指的是国家的数量）。它的闻香开端有果味，以及壶式蒸馏的臭味和坚果味，之后就变为蜂蜜、木槿花、肉豆蔻和肉桂的味道。所有元素都和谐共处，浑然一体。它的口感丰润，入口很甜，有良好的壶式蒸馏的厚重感，浓郁的果味和总能被橡木味平衡的甜味。包罗万象而又随遇而安，这是调和酒中的典范。

调饮时只有可乐有些小问题，可乐的味道太过主导。该酒和姜汁啤酒的混饮有烘烤水果的香味，余韵中有新鲜生姜的味道。小柑橘汁为中段口感增添了滋味，余韵持久、绵密、有热带风情。和椰子水的搭配带来了亚力酒和壶式蒸馏的味道，有椰肉的清香，以及坚果味和橡木味互相作用产生的味道。用这款酒调出的古典鸡尾酒十分优雅，带有与苦精结合后的干涩感，糖又让它们柔和下来。这杯酒口感广阔而复杂——强烈推荐。

赏味评分

4	椰子水	4	克莱门小柑橘汁
4	姜汁啤酒	3	可乐
5*	古典鸡尾酒		

邦德堡小批量
BUNDABERG SMALL BATCH
酒精浓度40%

只有当你去过昆士兰州的邦德堡酿酒厂，你才会理解其粉丝对该品牌的迷恋。没有哪种朗姆酒与它有相同的强烈气味，或是能激起如此疯狂的热情。该品牌起源于1888年，使用当地甘蔗产的糖蜜来酿制朗姆酒，尽管邦德堡人绝无妄自尊大的嫌疑，但近些年来他们的确在努力突破草根形象，树立一个高端的品牌。

糖蜜要经过36小时的发酵。发酵液先在单柱式蒸馏器中蒸馏，之后要在三壶式蒸馏器（置于铸铁台面）中再次蒸馏，使酒体浓重，或者通过铜制精馏塔，让酒体清淡。壶式蒸馏带来了澳大利亚式的浓烈气味。这款小批量朗姆酒是由干邑桶和澳大利亚白兰地桶中陈酿的两种酒液调和而成的。它的闻香有浓郁的糖蜜味道，辅以果树的干果实、甜香料、薄荷脑的味道，加水后有干花的香味。这种什锦花的味道在味蕾上延续，伴随着黑巧克力味，口感中段有臭味，最后以水果、香料味收尾。

该酒和可乐混合后变得混混沌沌。和椰子水的混饮富含糖蜜的味道，但太浓了。与姜汁啤酒的搭配时髦而又活力四射。与小柑橘汁的混饮则风韵十足，有满满的桃子罐头的香味。用它调制的古典鸡尾酒转换为柑橘油的口味，口感清爽而平衡。

赏味评分			
4	椰子水	4.5	克莱门小柑橘汁
4.5	姜汁啤酒	3	可乐
4	古典鸡尾酒		

多斯马德拉斯P. X雪莉桶5+5

DOS MADERAS PX 5+5
酒精浓度40%

虽然绝大多数朗姆酒酿造商都使用波本桶熟化，但也有少数品牌在关注其他类型橡木桶的潜力，比如雪莉桶，这个群体正在不断壮大。布鲁加尔、四方和萨凯帕酿酒厂就是其中的三个先锋，西班牙赫雷斯德高望重的威廉姆斯·休伯特酒庄则更向前一步。

多斯马德拉斯这一系列是由来自巴巴多斯和圭亚那的朗姆酒调和而成的，两种酒液分别陈酿了5年，然后运往西班牙的赫雷斯，在那里调和，之后再放入陈酿过多斯科塔多系列的帕洛科塔多雪莉酒的酒桶中熟化。陈酿3年后的朗姆酒会继续放入唐吉多P. X（佩德罗·希梅内斯葡萄）雪莉酒桶中再陈酿2年。这款酒的闻香有P. X雪莉酒中很显著的水果干的味道，还有酸角、松香和氧化的坚果味道，之后是很浓的圭亚那朗姆酒风格的香气。雪莉酒桶为该酒增添了酸度、甜度和鲜明的结构。它的口味馥郁，有浓浓的葡萄干的味道和紧致的口感。可口而又甜蜜，更像是一款餐后甜酒，而不是午后喝的朗姆酒。

可乐在与该酒的混饮中昙花一现，只是放大了P. X雪莉酒的味道。该酒和姜汁啤酒的混饮有些质感与活力，但最终还是垮掉了。小柑橘汁也是如此：葡萄干和果汁可不是天造地设的一对。它与椰子水的搭配颇为鲜活，但P. X雪莉酒的味道再次从中作梗。如果要用该酒调制古典鸡尾酒的话，需要用巧克力苦精，但说实话，最好还是纯饮这款酒吧，再加一点冰。很可人的一款朗姆酒。

赏味评分			
3.5	椰子水	2.5	克莱门小柑橘汁
2.5	姜汁啤酒	2	可乐
不适用	古典鸡尾酒		

多斯马德拉斯奢华双重佳酿
DOS MADERAS, LUXUS DOBLE CRIANZA
酒精浓度40%

作为这一系列中超高端的一款酒，威廉姆斯·休伯特酒庄使用了来自圭亚那和巴巴多斯的朗姆酒，它们分别在加勒比地区陈酿了10年，然后运到赫雷斯，在那里再放入唐吉多P. X雪莉酒桶中陈酿5年。这种雪莉酒用佩德罗·希梅内斯干葡萄酿制，在索莱拉系统中经过了缓慢的熟化过程，使之蕴含的能量得以相互激荡。

这款酒闻香是扑鼻而来的黑樱桃、桃核、杏仁糖的香味，背后是朗姆酒本身的略有些油质的厚重感，力量与优雅兼而有之。一股复杂而又犀利的芳香在舌尖上爆发出来，有柑橘、葡萄干、八角和黑刺李的味道，让人想到西班牙巴斯克地区特色的黑刺李冰酒（Pacharán）。这种浓郁的野生樱桃/黑刺李的味道继续覆盖在味蕾上，又加入了甘草、桑葚和糖浆的味道。它的口感没有5+5（见第166页）那么紧致。

这是一款独一无二的朗姆酒，适合餐后饮用。事实证明，它不适合调制混饮——完全不适合。但是它绝对值得品尝。该公司声称这款朗姆酒"极尽奢华"，此言不虚。只为享乐主义者所打造，来排队品尝吧！

赏味评分

不适用	椰子水	不适用	克莱门小柑橘汁
不适用	姜汁啤酒	不适用	可乐
不适用	古典鸡尾酒		

麦克道威尔1号庆典
MCDOWELL'S NO 1 CELEBRATION
酒精浓度42.8%

安格斯·麦克道威尔是一位苏格兰商人，他于1826年在印度马德拉斯（现在的钦奈）建立了一家专营烈酒和雪茄的公司。1951年，维塔尔·马尔雅的联合酿酒公司（UB）将其收购。1959年，联合酿酒公司开始涉足烈酒行业，在印度次大陆广建酿酒厂，并推出了三个品牌，包括麦克道威尔一号旗下的三款酒，先是白兰地（1963年推出），然后是威士忌（1968年推出）。麦克道威尔一号朗姆酒于1990年推出，共有两款：加勒比（白朗姆酒）和庆典（黑朗姆酒）。它是目前世界上销量居高的朗姆酒，每年1900万箱，而且还在不断增加。

这款庆典朗姆酒闻香是新鲜的糖蜜中带一点血腥的味道。扎实而干涩的香味中有烤焦的面包、热腾腾的十字面包，然后是干梅子的香气。它的口感厚重，入口有糖的味道，跟着是可乐、香草和绿蔬蒸馏的味道。

可能是因为这款酒本身就有可乐的香味，可乐作为调饮反而增加了一种空洞感。姜汁啤酒也好不到哪儿去——更类似于姜汁葡萄酒——但是口感干涩了。小柑橘汁让混饮有了一种熟透了的水果的质感，但仍然是寡淡无味。椰子水表现不错，将朗姆酒引领到一个新的方向，调出的混饮仍然有浓浓的糖浆味，但口感持久而平衡。用该酒调制的古典鸡尾酒就像是加了红糖的坎普咖啡糖浆（Camp Coffee）。

赏味评分

分	饮品	分	饮品
4	椰子水	2.5	克莱门小柑橘汁
2.5	姜汁啤酒	2	可乐
2.5	古典鸡尾酒		

罗恩蒙特罗珍藏
RON MONTERO GRAN RESERVA
酒精浓度40%

西班牙的甘蔗生产历史悠久。摩尔人在公元7世纪将其带到西班牙，或许有种可能，最初的朗姆酒是产自这里呢。如今，欧洲朗姆酒的大旗由罗恩蒙特罗公司扛起。这家公司位于安达卢西亚区的莫特里尔，由唐·弗朗西斯科·蒙特罗·马丁（Don Francisco Montero Martín）建立，于1963年开始生产朗姆酒。现在，公司由华金·马丁·蒙特罗（Joaquín Martín Montero）、他的妻子玛利亚（María）和女儿安德莉亚（Andrea）共同经营。

这款朗姆酒使用进口糖蜜，在四柱式蒸馏塔中得到两种酒液：酒精浓度分别为80%和96%。两种酒液各自在美国橡木桶组成的索莱拉系统中陈酿，之后再调和并装瓶。该酒闻香刚开始有烟熏味，之后是甜香料（小茴香籽）、蜂蜜、新鲜的绿蔬香气——橄榄、甘蔗叶和干草——和浓浓的甜味。它的口感清爽细腻，混合了天然的辛香和橡木的味道，最后柠檬百里香的味道会在味蕾上升腾起来。

该酒和椰子水的混饮变得太过植物性，甜味与酸涩各行其道，后者占据主导。朗姆酒与可乐混合后仍然独善其身，只是呈现出浓郁的甜味。它和姜汁啤酒的混饮成了生姜汁，朗姆酒只是配角。小柑橘汁的混饮颇令人感到惬意。用该酒调制的古典鸡尾酒带来了更多异国风味，几乎呈现出古巴风格朗姆酒的干度，余味猛烈，的确是一款锐气十足的饮品。

赏味评分			
2	椰子水	3.5	克莱门小柑橘汁
3	姜汁啤酒	3	可乐
4	古典鸡尾酒		

老僧侣7年
OLD MONK 7-YEAR-OLD
酒精浓度40%

  印度品牌老僧侣（又名OMR）多年来一直是世界上非常畅销的朗姆酒，在没有广告营销的情况下，取得如此成就更为令人瞩目。该品牌归莫汉·米金（Mohan Meakin）所有，最初建立于喜马偕尔邦的卡绍利（名为戴尔啤酒厂），后于20世纪20年代与米金啤酒厂合并。该公司在印度各地酿制啤酒，随后推出了为印度军队生产的"大力神"朗姆酒品牌，由此进入蒸馏酒行业。老僧侣品牌在20世纪60年代出现。这款7年调和朗姆酒，在北方邦加济阿巴德的酿酒厂生产。

  该酒的闻香强烈，有浓浓的糖蜜味，带着糖浆烤饼、西梅汁和苦味巧克力的气味。加水后会有灰尘感，更像是传统的咳嗽药。它的口感混合了丁香油、葡萄干、糖和浓郁烈酒的味道。它有种军队风格：苦味与甜味交相辉映的紫罗兰巧克力。

  椰子水在混饮中扬长而去，味道被糖浆吞噬。姜汁啤酒是个安稳得体的搭档。如果你喜欢甜味饮料，那可乐与它可谓珠联璧合。小柑橘汁会给混饮带来熟透的水果和糖浆的味道。用这款酒调制的古典鸡尾酒的味道就像朗姆酒加黑酒（海军朗姆酒和英国老水手最爱的黑加仑酒）。

赏味评分			
2.5	椰子水	3.5	克莱门小柑橘汁
3	姜汁啤酒	3.5	可乐
2.5	古典鸡尾酒		

蓝便士XO单一庄园004批次

PENNY BLUE XO SINGLE ESTATE BATCH 004

酒精浓度43.3%

大概你不会想到1698年成立的伦敦极具声望的酒商会最终涉足朗姆酒业，但相比大多数同行，贝瑞路德（Berry Bros & Rudd）总是更为广泛地罗织他们的商业网络。这家公司旗下有顺风威士忌、三号金酒。这是一家受人尊敬的苏格兰单一麦芽威士忌装瓶商。该公司的烈酒"鼻子"道格·麦克沃尔（Doug McIvor）和毛里求斯麦丁酿酒厂的首席酿酒师让-弗朗索瓦·凯尼格（Jean-François Koenig）共同创制了这款朗姆酒。

该酒由三种蒸馏酒液调和而成——原料分别为糖蜜、甘蔗糖浆和甘蔗汁——分两阶段发酵48小时，在四柱式蒸馏塔中得到酒精浓度95%的酒液，再放入干邑桶、波本桶和苏格兰威士忌桶中陈酿。这些朗姆酒要么用于调和，要么作为单桶出售。每一批次都略有不同。该酒的闻香起初是轻微氧化的乌龙茶、红莓、鲜花和橘子皮的香气，之后就发展为椴梓和柠檬香草的味道。它的口感柔和而直接，在味蕾后部有白胡椒和一丝甘蔗的味道，呈现出浓郁的口感，带着硬糖、薄荷和香料的味道。

该酒和可乐混合后口感有些钝滞。和姜汁啤酒的混饮有些力度，但不够厚重。与椰子水的搭配精致而细腻，口感持久。小柑橘汁则释放出了朗姆酒中更丰富的果味。用它调制的古典鸡尾酒几乎是麦芽糖加丁香的味道，凸显出朗姆酒的口味，是一杯沉静而温和的饮品，推荐。

赏味评分			
4.5	椰子水	5	克莱门小柑橘汁
3.5	姜汁啤酒	3	可乐
4.5	古典鸡尾酒		

海军朗姆酒和黑朗姆酒

如果说有一个词保准能让大多数朗姆酒制造商愤愤不平的话，那就是把他们的陈年朗姆酒称作"黑朗姆酒"。这个词已经带有贬义色彩了，仿佛回到朗姆酒糟糕的旧时代，那时除了白朗姆酒，唯一的选择就是以19世纪英国海军配给的朗姆酒为蓝本而生产的朗姆酒。"我们已经进步了，"这些朗姆酒制造商抗议道，"那些黑朗姆酒只是染了色，假装是陈年的。这和我们的产品完全不同。"好吧，确实。他们说的有道理，但这并不意味着我们就可以忽视朗姆酒这一风格的存在。

这种朗姆酒色泽更深：发红而不是"黑"。糖蜜和焦糖的味道更加显著。黑色果实的味道相当普遍。通常有苦甜参半的口感。基础酒液比较年轻。它们就是如此。不用回避，因为你会看到这种风格中几款品质优良的朗姆酒既平衡又个性鲜明，可谓多才多艺。

这种朗姆酒很古怪。在与其混合后，没有哪种调饮能更胜一筹。每当有一种朗姆酒能和姜汁啤酒一同绽放，就有另一种能把姜汁啤酒一脚踢开。有什么法则吗？只能对这些朗姆酒逐个去评判。

布莱克威尔黑金朗姆酒
BLACKWELL BLACK GOLD
酒精浓度40%

西班牙系犹太人在朗姆酒历史中所扮演的角色本身就值得写成一本书。亚历山大·林多（Percival）在18世纪中期到达牙买加，开始了蔗糖、朗姆酒、地产和航运的生意。1916年，他的曾孙珀西瓦尔买下了乌里叔侄公司，不久之后又买下了艾普顿庄园。当其家族在1957年出售了朗姆酒生意上的股权后，珀西瓦尔的女儿布兰奇（Blanche）——伊恩·弗莱明（Ian Fleming）的长期密友——把部分收益给了她的儿子克里斯托弗（Christopher），建立了小岛唱片（Island Records），你可能有所耳闻。这款酒是他创立的品牌：由乌里叔侄酿酒厂生产的牙买加调和朗姆酒，陈酿了不超过24个月。

这款酒散发出甜美的气息，有草莓、巧克力和一些核桃的香味，带有扎实的牙买加风格，这里体现为黑香蕉和葡萄干的味道。

它的口感浓厚，咖啡渣味和近乎泥土般的深沉气息伴以挤压过的黑色水果的味道，让甜味更浓。恰到好处的紧致感表明橡木桶已经发挥出作用了。

用这款酒调制出的混饮，有种大摇大摆的劲头。它和椰子水的搭配是明星，打造出令人惊叹的享受级饮品，如天鹅绒般甜美醇厚。它和姜汁啤酒混合后更有冲击力，但口味同样悠长。可乐因糖蜜使混饮甜而富于果香，口感深厚。虽然它与小柑橘汁混合后不及前者，但也很强劲有力。简单才是关键所在。用这款酒调出的古典鸡尾酒就像是煮过头的洋李子果酱。

赏味评分			
5*	椰子水	4	克莱门小柑橘汁
5	姜汁啤酒	5	可乐
3	古典鸡尾酒		

高斯林黑海豹百慕大黑朗姆酒

GOSLING'S BLACK SEAL BERMUDA BLACK RUM
酒精浓度40%

　　高斯林两兄弟詹姆斯（James）和安布罗斯（Ambrose），于1824年在百慕大的汉密尔顿开了一家商店。34年后，他们开始调制朗姆酒，使用从海军军官食堂回收的香槟瓶子装瓶。现在，这款酒由97%的柱式蒸馏朗姆酒和3%的壶式蒸馏朗姆酒调和而成，两种酒液都至少陈酿了3年。在百慕大的爱尔兰岛造船厂开设了一家姜汁啤酒装瓶厂后，英国海军就开始将高斯林兄弟的朗姆酒与姜汁啤酒混合，称为黑色风暴鸡尾酒（又称月黑风高，百慕大国饮），如今是高斯林的注册商标。

　　这款酒的闻香起初是烘烤的味道，有淡淡的坚果味、柠檬皮和薄荷香膏的香气。它的口感甜蜜，像是红色和黑色果实、樱桃派和糖蜜混合的味道。兑水后有润喉糖和一点糖霜水果的味道。

　　除了默认搭配，它在其他混饮中也有所建树。和小柑橘汁的混饮稍嫌烂熟而失去了酸性。与可乐混合后则有了苦甜参半的深度，增添了饮品的特色。它和椰子水的混饮，糖蜜的味道有如定海神针，咸香味又增加了新的口感维度。黑色风暴依旧横扫一切。它活泼而深沉，有种甘草味，口感甜蜜绵长，余味有麻刺感。用该酒调制古典鸡尾酒相当棘手，尽管橙味添了几分活力。总体口感肥厚，苦甜参半、无增无减。

赏味评分			
4	椰子水	3.5	克莱门小柑橘汁
5	姜汁啤酒	4	可乐
3	古典鸡尾酒		

朗姆酒

兰姆海军朗姆酒

LAMB'S NAVY RUM
酒精浓度40%

到了19世纪，伦敦的码头区到处都是朗姆酒商，他们都在生产自己的专属调和酒，大部分都是以因海军而普及的朗姆酒为蓝本。19世纪中叶，这些朗姆酒越发具有圭亚那风格。

以阿尔弗雷德·兰姆（Alfred Lamb）的调和朗姆酒为例。这款调和酒最初于1849年在英属圭亚那、巴巴多斯、特立尼达和牙买加生产，现在100%来自圭亚那。确切地说，它混合了来自萨瓦尔多柱式蒸馏器的朗姆酒和双壶式木制蒸馏器的朗姆酒，陈酿时间为2年。

该酒的闻香混合了浓郁的糖浆、黑香蕉、烤杏仁和可可的香气。虽然酒色较深，但实际上它的酒体轻盈，加水后会变得火辣，并有轻微的酚类气味。在味蕾上你会品出大黄、圣诞蛋糕和波特啤酒的味道。兑水后口感清新，有一些丹麦甘草和淡淡的单宁味道。堪称风格的典范。

作为一款英式风格的朗姆酒，和椰子水混合后效果不佳也不足为奇。和小柑橘汁混饮果味十足，但口感又干又苦。可乐让混饮更有嚼劲，水果和皮革的味道打造出一杯体面的饮品，如果你不嫌它太过单刀直入的话。该酒与姜汁啤酒混合后产生了一种有些神秘的氛围，是唯一口感持久的混饮，朗姆酒的苦味与啤酒的辛香交相辉映。如果你不喜欢烤焦的圣诞布丁，最好还是对用它调制的古典鸡尾酒敬而远之吧。

赏味评分			
2.5	椰子水	3	克莱门小柑橘汁
4	姜汁啤酒	3.5	可乐
2	古典鸡尾酒		

美雅士黑朗姆酒
MYERS'S ORIGINAL DARK
酒精浓度40%

艾萨克·美雅士（Isaac Myers）来自澳大利的亚波特西，他是英国海军军需品的供应商，他的儿子迈克尔·S（Michael .S）和弗雷德·L（Fred L）在19世纪初搬到牙买加开始朗姆酒贸易也就不足为奇了——从而建立了这种烈酒与犹太社区的另一层联系。弗雷德·L. 美雅士（Fred L Myers）在1879年推出了自己的品牌，加拿大酒业巨头施格兰（Seagram）于20世纪50年代投资组合将其买下。现在美雅士品牌属于帝亚吉欧旗下。

这款酒的牙买加根基依然牢固。美雅士黑朗姆酒调和了9种糖蜜酿制的壶式蒸馏和柱式蒸馏的酒液，陈酿时间为4年，在20世纪20年代作为庄园主潘趣鸡尾酒的基酒而著称于世。它的闻香浓郁而略带苦味，有一种近乎灼热的芳香——想象一下烤红辣椒和糖蜜的气味——然后升起湿润的拉菲草、麂皮的味道和一丝牙买加特色的臭味，之后就挥之不去。这是很多人遇到的最具朗姆味的朗姆酒。它的口味中混合了糖蜜和青草味，带一些酸度，有强烈的浓缩果汁的味道。它的余韵干涩，有壶式蒸馏味道的浸染。

用美雅士调制的混饮各自特点鲜明。只有和姜汁啤酒混合后味道异常苦涩。和其他调饮的搭配都还好；与椰子水的组合有轻微的臭味；跟小柑橘汁混合有橘子酱的味道；和可乐搭配有咖啡的香味，口感浓稠。不过，用它调制古典鸡尾酒就显得复杂性不够了。

赏味评分			
3	椰子水	3	克莱门小柑橘汁
3.5	姜汁啤酒	3.5	可乐
2.5	古典鸡尾酒		

O.V.D 老桶德梅拉拉
OVD OLD VATTED DEMERARA
酒精浓度40%

乔治·莫顿公司位于英国敦提港的码头街，后来搬到了蒙特罗斯港的教堂厂房（Chapel Works）建筑里。就像维多利亚时代的很多商人一样，乔治·莫顿（George Morton）开始尝试调和烈酒，虽然公司以苏格兰威士忌闻名，但一切都源自朗姆酒。他创造的OVD可以追溯到1838年——比第一个苏格兰调和威士忌品牌早了13年。O.V.D是Old Vatted Demerara的缩写（该公司还出品一种产自牙买加的调和朗姆，酒名为OVJ）。

该酒闻香的开端有典型的甘草/糖蜜的香味，起始就带有橡木的气息，还有菊苣咖啡、原始森林、翻开的土地的味道，接着是薄荷巧克力和可可粒的香气。这不是一款厚重的朗姆酒，但能在你喝到半程时释放出一种坚实而又让人安心的糖蜜味道。余韵中有一丝焦糖和红色水果的味道。在老式风格的朗姆酒中堪称典范。

这一次可乐没能好好表现——让混饮太甜而缺乏平衡。椰子水和该酒混合后创造出一杯带着秋天味道、清爽又平衡的鸡尾酒。小柑橘汁给混饮带来果味，虽然口感中段略紧，但不失为一杯像样的饮品。它和姜汁啤酒混合后是满满的新鲜姜根的味道，中间口味醇厚，是我喜欢的类型。用该酒调制的古典鸡尾酒仿佛将你带到本地咖喱屋，但口味不够浓厚，很难给这杯棘手的饮料增加复杂度。

赏味评分			
3.5	椰子水	3.5	克莱门小柑橘汁
4	姜汁啤酒	2.5	可乐
3	古典鸡尾酒		

朗姆酒

帕萨姿火药烈性朗姆酒
PUSSER'S GUNPOWDER PROOF RUM
酒精浓度54.5%

1970年7月31日，当最后一点朗姆酒从英国海军的配给桶中倒出来时，一种非常特别的朗姆酒也走到了尽头。然而没人预料到查尔斯·托拜厄斯（Charles Tobias）能如此坚持不懈，他花了9年时间说服海军部交给他制作海军朗姆酒的授权和配方。他将新品牌命名为帕萨姿（Pusser's），以纪念每日监督分发朗姆酒配给的事务长（英文为purser）。

这款火药烈性酒调和了来自圭亚那和特立尼达的壶式蒸馏朗姆酒，陈酿时间达到3年，酒精浓度与当年军舰上分发的朗姆酒一致。它有浓缩红醋栗果实的香味，带着黑刺李和奶油巧克力味，辅以肉豆蔻、奶油和焦糖糖浆的味道。该酒稀释后壶式蒸馏的厚重感更浓了，在味蕾上爆发出水果软糖和绵延的圭亚那式芳醇口感。虽然甜，但还是有足够的动力来平衡。兑水后，较重的元素在中间结合，释放出柔和的柠檬味和热带气息。

厚重一些的朗姆酒会与椰子水格格不入，与该酒混合后虽有些层次，但单宁的味道会横插一脚。小柑橘汁和它混合后会产生杏子的味道，还有些苦味。姜汁啤酒让混饮龙腾虎跃。和可乐的搭配有一种大地的气息，是一杯相当不错的饮品。用该酒调制的古典鸡尾酒有浓厚的巧克力和烧焦的味道，但这种灼烧感会一直持续。

赏味评分			
2.5	椰子水	3	克莱门小柑橘汁
4	姜汁啤酒	4.5	可乐
2.5	古典鸡尾酒		

卡莎萨（和一个远亲）

但愿这本书能有篇幅来介绍更多的卡莎萨。但愿在巴西之外也能有更多卡莎萨可供品尝。极具讽刺意味的是，作为世界上消费最为广泛的烈酒之一，它仍被看作是一种"特产"。卡莎萨多舛的命运还在于，直到近年来，在出口市场上最普及的都是大型工业品牌，而它们的品质（或者说缺乏的品质）对于吸引这种烈酒的爱好者来说毫无裨益。

情况正在发生改变。主流的国际饮品公司正在收购卡莎萨的品牌，一些手工酿制的品牌也开始出现。这实为一个喜讯，因为品质上乘的卡莎萨是迷人而又复杂的烈酒，既能混合又可纯饮。因此，下面介绍的这些品牌只是开胃小菜，如果你能体会到的话（我相信你可以），会引起你对这种酒小小的痴迷。在这里，我坚持用白卡莎萨来调制乡村姑娘鸡尾酒，陈年的卡莎萨只可纯饮。不过，也不必墨守成规，尽情去尝试吧。

另外，这一章节似乎是安放范·奥斯滕-巴达维亚亚力酒的最佳位置，这种如幽灵般的甘蔗酿制的烧酒总能激发出调酒师们的狂热。

蜜蜂银白
ABELHA SILVER
酒精浓度39%

这款有机卡莎萨为责任贸易公司（Responsible Trading Company）所有，它使用的甘蔗来自巴伊亚州沙帕达迪亚曼蒂纳国家公园的沙质土壤。它使用农场自己的甘蔗培养的甘蔗酵母发酵。然后在一个容量为400升的小铜制壶式蒸馏器中蒸馏，得到的酒液再注入敞口的不锈钢罐中放置6个月，将更不安分的化合物消耗掉。最后使用农场的地下水稀释，让酒精浓度降低。

该酒的闻香一开始就有新鲜的甘蔗气息，让人联想到农业朗姆酒的味道，但伴随着荔枝和些许百合的香气，还有更多的青无花果的味道。兑水后，会散发出奶油蛋卷/酥皮糕点的香味。这款酒以水果香气为主导，清新的青柠酸味贯穿其中。

它的口感柔和而平衡，在口味中段有果肉质感，在后段略变干涩。鼻后会涌上核心的果汁味道，加水后，花香淡了下去，但果味更加显著。

在该酒调制的乡村姑娘鸡尾酒中，你仍能感受到来自酒精的猛烈冲击；就我自己而言，很合我心意，它让鸡尾酒更具个性。这款酒口味厚重，绵长，平衡并且持久。推荐。

赏味评分

5	乡村姑娘		

雷博龙
LEBLON
酒精浓度40%

　　国际主流饮品公司争相抢购卡莎萨酒庄这一事实充分表明了他们的信心，即卡莎萨应该成为一种全球性的烈酒。最近的一宗生意（撰写本书时）就是百加得对雷博龙的收购。该品牌由LVMH集团前营销高级副总裁史蒂夫·卢特曼（Steve Luttman）和他的巴西籍岳父于2005年创立。他们目的何在？就是要告诉人们卡莎萨不是工业烈酒。卢特曼果断地从法国干邑聘请了吉勒斯·梅莱（Gilles Merlet）作为他的首席酿酒师，并取得了成功。

　　雷博龙这款酒是手工卡莎萨，使用的甘蔗由人工收割，来自该公司在米纳斯吉拉斯州帕图斯迪米纳斯市的庄园。壶式蒸馏器出的酒液在干邑桶中放置6个月。

　　它的闻香平和而近乎宁静，有好闻的甘蔗香味，一丝热带气息，有花生的味道（很可能来自橡木桶）。然后利落地转变为梨子的香气，酸度与柔度兼而有之。它的口感轻盈，纯饮时出奇的干涩，但加水后就温和下来。

　　该酒在乡村姑娘鸡尾酒中得到了提升，又不失其固有的精致，更丰富的植物气息散发出来。糖让中段口感更加饱满，余韵多汁而新鲜。

赏味评分

4.5	乡村姑娘		

赛格提芭纯白
SAGATIBA PURA
酒精浓度38%

可以说，赛格提芭对于人们如何看待卡莎萨有很大影响，就像培恩（Patrón）为新酒客树立了龙舌兰的观念，或是人们通过孟买蓝宝石（Bombay Sapphire）领略到金酒的世界。这款酒打开了卡莎萨的大门。

该品牌属于金巴利旗下，是马科斯·德·莫赖斯（Marcos de Moraes）的创意，他看到了一种新品卡莎萨的商机：风格更轻盈，档次更高，不像大型工业品牌那么具"争议"，但是又比手工品牌的产量高。

该酒经柱式蒸馏，酒液通过带有不同精馏板的第二个蒸馏柱进行二次蒸馏，去除特定的味道。该酒从蒸馏塔中直接得到了装瓶的酒精浓度，而不是经过稀释。未加糖。

它的闻香有新鲜的植物气息，带着酸酵种面团的味道；即使酒精浓度只有38%，也带着清新的冲劲儿，有一些天竺葵叶子和淡淡的甘蔗汁的香气。在味蕾上，明快的酸度和轻微的辣味划破了成熟梨子的温和口感。它轻盈、纯净、平衡有度。

用该酒做出的乡村姑娘鸡尾酒活力又清爽，带着稀有的矿物质感。诚然很清淡，但也清澈提神。

赏味评分			
4	乡村姑娘		

蜜蜂有机3年
ABELHA ORGANIC 3-YEAR-OLD
酒精浓度38%

　　这款陈年卡莎萨的原料来自巴伊亚州的有机甘蔗田，酒液在250升的金檀木桶中陈酿3年。金檀又名"黄木"，在巴伊亚州分布甚广，在那里被广泛用作建材。据称它赋予了这款酒蜂蜜的味道。

　　该酒闻香浓郁而深沉，在熟透了的水果味中渗出糖的味道。它相当清爽，甘蔗汁中带点番茄的香气。它的口感轻盈适中，带着清爽的植物酸味和黄油煎过的辛辣香料味。它粗犷而又松弛，力量都凝聚在中段。

　　该酒兑水后会激发出更浓的坚果味，没错，还有蜂蜜的味道，有发酵的果皮味道。复杂而可口。

华丽，拉斯依古纳斯
MAGNÍFICA, LAS IGUANAS
酒精浓度37%

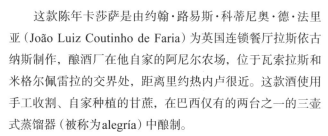

这款陈年卡莎萨是由约翰·路易斯·科蒂尼奥·德·法里亚（João Luiz Coutinho de Faria）为英国连锁餐厅拉斯依古纳斯制作，酿酒厂在他自家的阿尼尔农场，位于瓦索拉斯和米格尔佩雷拉的交界处，距离里约热内卢很近。这款酒使用手工收割、自家种植的甘蔗，在巴西仅有的两台之一的三壶式蒸馏器（被称为alegría）中酿制。

酿制流程类似于壶式反应罐系统，三个相连的蒸馏壶位于不同的高度。全都装满酒液。加热最低的蒸馏壶，使酒精蒸汽进入中间的蒸馏壶，再重复这一过程。现在已经富集的蒸汽流上升到最高的蒸馏壶中，在那里通过一根虫管冷凝器进入到完整的冷凝系统。蒸汽产生的热量会加热顶部蒸馏壶中的酒液。

该酒色泽呈淡绿色（原配图有色差），与一些陈年卡莎萨相比，有更明显的橡木味。它的香气让人联想到湿雨衣、葡萄籽、一些苔藓和兰花房的潮湿气味——清新、芬芳、复杂。它入口浓郁，蜡味和可可脂轻柔地滑过味蕾，带来微微的臭味。片刻后兑水就会变为薄荷和新鲜牛至的味道，比纯饮时更加舒缓。卡莎萨很粗糙的旧观念可以抛之脑后了。

伊毕奥卡黄金
YPIÓCA OURO
酒精浓度39%

　　进入手工卡莎萨的世界，你一定绕不开伊毕奥卡，它由位于齐雷亚的巴西最大朗姆酒生产商酿制。自2012年开始，它归入跨国集团帝亚吉欧旗下。这款酒在龙凤檀（蒜味破布木）木桶中陈酿2～3年。

　　它有浅绿色（原配图有色差）的色泽和非常柔和的香气，让人联想到罐装菠萝汁，有饱满的植物气息，带一丝兰比克啤酒的味道。之后，变为轻微的花（茎）香，最后是粉状气息。加入水后散发出面包的香味，辅以荨麻和小茴香的味道。

　　它的口感清淡，有干香料、一点巧克力、一些热辣的味道，在味蕾后部会有一丝紧致感。片刻后，巧克力味更浓了，之后弥漫出甘蔗汁，带着些许栗子蘑菇的味道。相当猛烈。需加冰饮用。

范·奥斯滕-巴达维亚亚力酒
BATAVIA-ARRACK VAN OOSTEN
酒精浓度50%

当调酒师们想重现正宗的18世纪和19世纪的潘趣酒时，他们遇到了一个问题。许多配方都要求使用亚力酒。麻烦的是，似乎无从下手——这是一种不复存在的烈酒。此时两方人马登场了，一方是豪斯·阿尔潘兹公司的进口商埃里克·锡德（Eric Seed）和鸡尾酒王国的巨擘戴维·沃德雷齐（David Wondrich）；另一方是阿姆斯特丹的E&A舍尔公司，他们自1818年就开始从事亚力酒贸易，还拥有用于调制香味和制作瑞典潘趣酒的库存。这一品牌是双方共同努力的结果。

这款亚力酒是在爪哇生产的，以糖蜜为原料，用红米糕做的"发酵剂"来发酵。酿制在中国式的蒸馏壶中进行，之后酒液放入巨大的柚木桶中熟化。

它的闻香是半干型的，带着古怪的臭肉味，混合了烹饪过的蔬菜、豆腐、罗马豆罐头和潮湿丝绸的气味，之后是更多的正统巧克力、百里香和糖蜜的香味。

它的口感醇厚，有发酵氧化的类似酒花的味道，让人联想到黄酒。臭味在微甜的口味中段升腾起来，混合了玄米茶（日本绿茶加糙米）、黑橄榄和一种刺激性的辛辣味道，让余味有些灼热。这种感觉与它的芳香一样重要。

对于所有真正的朗姆酒爱好者来说，这款酒都是酒柜中必不可少的额外陈列。

鸡尾酒

　　还有哪种烈酒像朗姆酒这样如此热切地投身混合饮品的世界么？朗姆潘趣酒可以追溯到17世纪；一个世纪之后，英国水手开始喝原始的大吉利鸡尾酒。自20世纪20年代起，在古巴的新潮酒吧里，摇壶和搅拌器里就装满了朗姆酒，还有最显而易见的，在首个提基时代，朗姆酒给美国带来了满载着甜蜜糖分的幸福感。

　　以下要介绍的是已故经典调酒师们的新老配方，以及一系列当代顶级调酒师的精选作品。所有这些都可以在家制作，只要你牢记以下古老的规则：

- 在家庭聚会上别妄图做出各种不同的鸡尾酒。
- 做潘趣酒就好。
- 保持简单。
- 了解你的朗姆酒，让它唱主角。这些是朗姆鸡尾酒，不是水果鸡尾酒。
- 懂得平衡。下面的配方可能需要微调，以适应你使用的朗姆酒、冰块和其他配料。

最重要的是，玩得开心。

配方

制作潘趣酒并不是随意把酒混合在一起，然后看看会发生什么。如果你这么做的话，人们喝两杯就会步履蹒跚，然后东倒西歪。潘趣酒是社交饮品，是要大家分享，可以稀释让其平衡，易于饮用。朗姆酒需要浓厚一些，这意味着要用亚力酒、壶式蒸馏朗姆酒或是农业朗姆酒。

潘趣酒有臭味，而臭味本身就是一种奖赏。

奥多赫蒂的亚力潘趣酒

3杯量

60毫升（2盎司）德梅拉拉蔗糖

60毫升（2盎司）沸水

60毫升（2盎司）青柠汁

180毫升（6盎司）范·奥斯滕-巴达维亚亚力酒

120毫升（4盎司）史密斯和克罗斯传统牙买加朗姆酒

360毫升（12盎司）冷水

方冰

磨碎的肉豆蔻，最后放

在大水罐中用沸水将糖溶解。加入青柠汁后搅拌。加入亚力酒、朗姆酒和冷水。冷藏备用。倒入潘趣碗加冰块后呈上。盛到每个杯子后再放入磨碎的肉豆蔻。

改编自戴维·沃德雷齐（David Wondrich）《潘趣酒》（Punch）一书中1824年的配方。

朗姆潘趣酒
RUM PUNCHES

来听我唱歌吧，所有勇敢的英雄
我要赞美上等的白兰地和朗姆酒
英格兰附近有清澈如水晶般的喷泉在翻涌
给我潘趣酒勺，我要干了这碗酒
——英格兰传统民谣

我们的混合鸡尾酒的故事就从潘趣酒讲起，它本身起源于17世纪，是英国东印度公司如饥似渴的商人和荷兰东印度公司（即VOC）的同行们在远东地区混合的烈酒——可能来自进口，但通常都是本地棕榈或甘蔗酿制的亚力酒——加入酸味剂、甜味剂、稀释剂（水和/或茶）和香料。这几件材料仍然是潘趣酒神庙中的支柱。让它们之间保持平衡，然后你就有了一场华丽的奠酒仪式。

在潘趣酒起源的时代，由于没有发现当地居民普遍饮用潘趣酒的证据，因此它要么是自发出现，要么是通过其他渠道带来的。所有猜测都指向它是由航运带来的，是在航运过程中诞生的。从16世纪开始，英国海军就一直在船上携带烈酒用以治疗疾病，但也用来狂欢豪饮。事实上，所有制作潘趣酒的原料都应该来自船上。

因此，很有可能是海军将饮用潘趣酒的习惯带到了加勒比地区的新种植园，根据内科医生汉斯·斯隆（Sir Hans Sloane）所说，在18世纪初，潘趣酒在那里已经成为"很寻常的让人酩酊大醉的酒精饮料"。然而，这种底层的形象并没有持续太久。18世纪是一个"大碗喝酒"的时代，直接导致了朗姆酒（和亚力酒）地位的提升。在英国，朗姆潘趣酒出现在咖啡馆、绅士俱乐部、乡村别墅和酒馆。它既时髦又有些颓废，散发着财富和西印度群岛的臭味。它还让你脱离了喝金酒的大众。如果你喝潘趣酒，就证明你有时间可消磨——有故事可讲。

在北美殖民地，朗姆潘趣酒更具平等主义精神，并且更政治化。它不仅引入了身份认同的概念，还帮助选

鸡尾酒

格拉斯哥潘趣

这是一款经典的18世纪庄园主风格潘趣酒，成名于这座因跨大西洋贸易而积累财富的城市，这座城市也因这款潘趣酒，以及喝这款酒而闻名。5杯量。

170克（6盎司）白砂糖

170毫升（6盎司）水

120毫升（4盎司）柠檬汁

570毫升（20盎司）冷水

210毫升（7盎司）牙买加朗姆酒

2个青柠，对半切开

用水将糖在碗里溶解。加入柠檬汁和冷水。一边加入朗姆酒一边搅拌。将青柠块在碗口擦拭一圈，然后挤入果汁。

提基碗

一款供大家分享的提基鸡尾酒基本上都是按比例缩小的潘趣酒。

30毫升（1盎司）淡波多黎各朗姆酒

30毫升（1盎司）牙买加黑朗姆酒

30毫升（1盎司）VSOP干邑

60毫升（2盎司）橙汁

45毫升（1½盎司）鲜青柠汁

15毫升（½盎司）杏仁糖浆

170克（6盎司）碎冰

将所有原料混合大约10秒。盛入提基碗中，放2根吸管。

来自1972年的《商人维克酒吧（Trader Vic's Bartender）调酒师指南》，在此感谢"海滩顽主"贝里。

民顺利做出决定。为了讨好选民，乔治·华盛顿（George Washington）与其说采取政治分肥政策，不如说是"潘趣碗"政治，本·富兰克林（Ben Franklin）甚至为它写了一篇颂歌。然而，朗姆潘趣酒辉煌的世纪很快就要结束了。

19世纪，随着商业主义标志性的限制性贸易壁垒开始倒下，潘趣酒也衰落了，人们有了更多的烈酒选择。此外，单杯装的饮品越来越流行：鸡尾酒的第一个时代来临了。它的先锋人物是詹姆斯·阿什利（James Ashley），他于1731年在伦敦卢德门山（Ludgate Hill）开了一家潘趣酒馆，出售"用最好的陈年亚力酒、朗姆酒和法国白兰地……制作的潘趣酒"。除了按碗出售，阿什利还按照每一小份"四个半便士"的价格出售潘趣酒。

这种更小杯、喝得更快的饮品在19世纪开始盛行起来。潘趣酒是一种慢饮，当酒杯浸入大碗中舀酒时，能促进人们轻松交谈。这种酒很适合那种抽着烟斗、雾气缭绕的氛围，在烟雾深处还可能升腾出深思熟虑的辩论——也可能是喧闹豪饮的狂欢。换句话说，这不是为忙碌的资本家准备的饮品。尽管如此，100年的辉煌对于一款酒来说已经很不错了。

潘趣酒可能衰落了，但并没有消失。19世纪所有了不起的鸡尾酒书籍中都包含潘趣酒的章节，从20世纪20年代开始，当旅游业在加勒比地区兴起的时候，传统庄园主潘趣酒的变种成了典型的欢迎饮品。传统潘趣酒也是构成提基鸡尾酒的组成部分。

这个深不可测的大碗依然有酒液源源不断地溢出。

摄政王潘趣酒

10杯量

1个柠檬和1个塞维利亚酸橙，去薄皮

115克（4盎司）白砂糖

570毫升（20盎司）绿茶

60毫升（2盎司）史密斯和克罗斯传统牙买加朗姆酒

45毫升（1½盎司）蔗园菠萝朗姆酒

60毫升（2盎司）范·奥斯滕-巴达维亚亚力酒

240毫升（8盎司）VSOP干邑

60毫升（2盎司）黑樱桃力娇酒

2瓶极干型香槟或英格兰起泡酒，比如里奇维尤

首先从柠檬和橙子中提取油糖剂：削皮，不要切到白色海绵体（保留住水果的果汁），将果皮放入碗里。加糖后将果皮捣烂，放置一会儿。接下来，将油糖剂、绿茶、柠檬和橙子的果汁在一个大碗中混合。在室温下静置1小时，然后放入朗姆酒、亚力酒、干邑和黑樱桃力娇酒。过滤倒入潘趣碗，之后加入香槟或是英格兰起泡酒。

这款酒是为摄政王（后来的乔治四世）度身定做的，他热爱豪饮，钟情排场。

西印度群岛庄园主潘趣酒

6～8杯量

113克（4盎司）白砂糖

113克（4盎司）番石榴果冻

240毫升（8盎司）热绿茶

500毫升（18盎司）牙买加陈年朗姆酒

650毫升（22盎司）干邑

120毫升（4盎司）马德拉酒

500毫升（18盎司）冰水

120毫升（4盎司）青柠汁

方冰

磨碎的肉豆蔻，最后放

将糖、番石榴果冻和茶放入潘趣碗中搅拌至溶解。加入其他配料，冷却一会儿。呈上时加入冰块，再把磨碎的肉豆蔻撒在上面。
——来自《海滩顽主贝里的加勒比魔药》中刊登的1845年的配方。

拉马尔莫拉的克里米亚杯

以克里米亚战争英雄、意大利总理阿方索·费雷罗·拉马尔莫拉（Alfonso Ferrero la Marmora）命名。15杯量

2个柠檬，去皮，保留果皮和果汁

1瓶苏打水

85克（3盎司）白砂糖

500毫升（18盎司）杏仁糖浆

250毫升（8盎司）干邑

120毫升（4盎司）黑樱桃力娇酒

120毫升（4盎司）牙买加朗姆酒

方冰

1瓶香槟

用柠檬皮制作油糖剂（见左侧）。加入柠檬汁，然后是苏打水，将糖溶解。加入杏仁糖浆后用机器搅拌。加入利口酒后过滤到盛有大方冰的潘趣酒碗中。最后倒入香槟。
——来自《杰瑞·托马斯的调酒师指南》，1862年。

大吉利 #1

60毫升（2盎司）白朗姆酒

···
15毫升（½盎司）手工压榨青柠汁

···
1茶匙白砂糖

···
冰沙

···

　　把鸡尾酒的配料"抛"进两段式锡制调酒壶/调酒杯中。一个杯子是空的，另一个杯子中是饮料和冰，杯口加一个过滤头。开始时将两个容器放在眼睛的高度（或更高），将饮料倒入空的容器中，慢慢往下拉。将液体再倒回装满冰的容器，然后重复4～5次，直到饮料充分冷却、融合、顺滑。过滤后倒入鸡尾酒杯呈上。

大吉利
Daiquiri

　　它像一把长剑滑进来，利刃是如此冰冷而又柔软，好像在爱抚你的味蕾。心绪冻结的片刻仿佛时间也停顿了，然后甜蜜会带来短暂的喜悦，接着柑橘的酸涩就会轻咬你的舌尖。你几乎不会注意到酒精的存在，因为它的两个助手玩起了分散注意力的游戏。入口可能很火热，但你已经感受到了清凉，慢慢沉浸其中，任由这杯阴险、诱人的饮品把你占有。

　　朗姆酒、青柠汁、糖。烈、甜、酸。当这个三件套施展出如此致命的魔力时，谁还要更复杂的组合呢？它们是朗姆酒饮品大教堂的古老基石。

　　对于19世纪的古巴人来说，大吉利并不是指一种饮料。如果他们听说过大吉利的话，会认为是一个海边的村庄，一处离圣地亚哥不远的美国人拥有的铁矿。

　　但他们可能知道坎恰恰拉（Canchanchara），由甘蔗烧酒、甜味剂（蜂蜜或糖蜜）和青柠混合而成，一种人们在田间地头饮用的饮料。

　　它是如何成为"我们的"大吉利的故事多多少少围绕着詹宁斯·考克斯先生（Mr. Jennings Cox）展开，他是经营大吉利矿山的西班牙-美国铁矿公司的总经理。相信哪个版本完全取决于你：一个是1896年的一个晚上，考克斯先生决定为他的客人们调制金酸酒，但是手头没有金酒，于是就用朗姆酒代替；另一个是他要求圣地亚哥维纳斯酒店的酒保给他调一杯朗姆酸酒。

　　这是一杯可口的鸡尾酒，加入冰块搅动，添加红糖带来甜蜜，再放入柠檬或者青柠。这是考克斯先生命名的饮料，或者是人们让他（或某人）给这款酒起一个名字。他（或其他人）选择了村庄（或是矿山，或是海滩）的名字。

　　这件事重要么？从宏观上来看，不重要。这么多相互矛盾的故事都说明了三件事：这是一款很棒的饮品，每个人都想喝上一口，一沾上酒人们的记忆就变得模糊了。

　　事实上，朗姆酸酒早就存在了。杰瑞·托马斯在1887年重印的《调酒师指南》中就列出了一种以圣克罗伊岛朗姆酒

大吉利 #2

1茶匙白糖
·············

15毫升（½盎司）青柠汁
·············

60毫升（2盎司）白朗姆酒
·············

1茶匙柑桂酒
·············

1茶匙橙汁
·············

冰沙
······

　　用青柠汁将糖溶解。将所有配料在一起摇匀，过滤到鸡尾酒杯中。

为基酒的"圣克鲁兹酸酒"，眼尖的读者一定会发现，这是在考克斯先生搅和进来之前的事情。

　　大吉利鸡尾酒的成功也展示了一种古巴范例。大多数乡村潮流——音乐就是最好的例子——都是从圣地亚哥起始，然后转移到哈瓦那，之后或者被改良（哈瓦那路线），或者被商业化然后消亡（圣地亚哥路线）。就大吉利来说，我支持哈瓦那路线。

　　然而在首都，像传奇的马拉加托这样的调酒师就用白糖取代了红糖，摇酒取代了搅拌，青柠取代了柠檬。然而，让大吉利成为经典的将是另一位调酒师。

　　1914年，一位来自加泰罗尼亚的年轻调酒师加入了哈瓦那的"佛罗里达酒吧"（Bar La Florida），当时酒吧的老板是纳西索·萨拉·帕雷拉，以"抛接法"闻名。四年后，这位年轻人接手了这间酒吧，并将它改名为Floridita。这个年轻人就是康斯坦特·利巴拉瓜·维特。这幕后的另一个人是纳西索的远房表亲米格尔·博安达斯，他于1927年离开哈瓦那回到了加泰罗尼亚的老家。1933年，他开了一间以自己名字命名的酒吧，继续以古巴方式抛接法调酒。

　　康斯坦特是个理论家。他懂得冰的作用、会把握比例和平衡，以及如何化繁为简。正因为他，Floridita酒吧才被称为大吉利的摇篮（原文为西班牙语：cuna de la Daiquiri）。这里也被称为古典调酒的摇篮之一。他是一位绝不会去碰运气的艺术家。没有满足于做出一款完美的大吉利，他用不同的技术，不同的冰，通过细节上的微调制作出了五种不同版本的大吉利。

　　我记得观看亚历杭德罗·玻利瓦尔教授调制大吉利#4的课程，他是Floridita酒吧的首席调酒师，大概是现今调制最多大吉利的人。"喂它"，他边说边大方地把朗姆酒倒入转动的搅拌机中。"不用害怕。现在，听一听搅拌机的声音。当音调改变了，表示它又饿了。再多喂一些。"凭借声音的变化，敏锐的直觉，还有灵活的技巧来调酒。有种精妙的复杂性。这就是大吉利。

大吉利 #3

1汤匙白砂糖

15毫升（½盎司）青柠汁

60毫升（2盎司）白朗姆酒

1茶匙黑樱桃力娇酒

1茶匙西柚汁

340克（12盎司）碎冰

用青柠汁将糖溶解。将所有配料置于碎冰上摇匀。

过滤到装满碎冰的杯子中。（你也可以使用搅拌机，参考大吉利#4。）

延伸款

欧内斯特·海明威（Ernest Hemingway）是一个糖尿病患者，因此他不希望饮料里有糖。他也是个酒鬼，也就是说他又离不开酒精。康斯坦特（Constante）为他炮制的两款鸡尾酒就同时满足了这两个需求。海明威大吉利是加了双份朗姆酒的大吉利#4，不加任何糖。爸爸的渔船是大吉利#3，还是朗姆酒加量而没有糖。它们并不太好喝——证明了顾客并不总是对的。

水果大吉利通常仅仅使用廉价朗姆酒、湿冰、水果和雪泥，若使用上乘的朗姆酒、大量新鲜水果、鲜榨果汁和优质的冰，你可以调出一杯很棒的饮料。手头没有搅拌机？那就手工捣压、摇匀、细细过滤。奈伦·杨（Naren Young）和斯科蒂·舒德尔（Scotty Schuder）在一次沿古巴海岸的钓鱼航行结束后，用树上刚摘下的果实为我做了一杯柠果大吉利，那个滋味让我永生难忘。哈瓦那的厨师（La Cocinero）餐厅调制的酸角大吉利绝对是天才之作。

大吉利 #4

60毫升（2盎司）白朗姆酒

15毫升（½盎司）青柠汁

5滴黑樱桃力娇酒

1茶匙白砂糖

340克（12盎司）碎冰

将所有原料和冰一起放在搅拌机里搅拌。不用过滤，直接盛入鸡尾酒杯。这就是佛罗里达（Floridita）酒吧通常调制的风格。

大吉利 #5

60毫升（2盎司）白朗姆酒

15毫升（½盎司）青柠汁

1茶匙黑樱桃力娇酒

1茶匙石榴糖浆

1茶匙白砂糖

碎冰

将所有原料和冰一起放在搅拌机里搅拌。不用过滤，直接盛入鸡尾酒杯。

鸡尾酒

商人维克的原版迈泰

60毫升（2盎司）乌里叔侄17年朗姆酒*

15毫升（½盎司）柑桂酒

15毫升（½盎司）杏仁糖浆

15毫升（½盎司）2：1单糖浆（见第208页）

30毫升（1盎司）青柠汁

冰块

拍打过的薄荷叶，装饰用

将所有配料放到冰块上然后摇匀；倒入古典杯，放入挤掉果汁的青柠片。以薄荷叶装饰。

*如果手头没有这种朗姆酒怎么办？海滩顽主贝里使用的是50：50的陈年农业朗姆酒和艾普顿庄园12年朗姆酒。顽主告诉我，如果用味道更刺激的史密斯和克罗斯，那就"像带着榴弹炮去参加比首格斗"。

金手套

1茶匙白糖

15毫升（½盎司）鲜榨青柠汁

60毫升（2盎司）牙买加金朗姆酒

1茶匙君度橙酒

340克（12盎司）碎冰

橙皮，装饰用

用青柠汁将糖溶解，然后把所有配料和冰放入搅拌机搅拌20秒。不用过滤，倒入鸡尾酒杯。将橙皮在杯口上方挤压喷出柑橘油，然后用橙皮装饰。

迈泰
MAI TAI

商人维克·伯杰隆（Vic Bergeron）了解他的朗姆酒，所以在1944年，他用一瓶17年的乌里叔侄朗姆酒，为客人汉姆（Ham）和嘉莉·古尔德（Carrie Gould）调制了一款经过深思熟虑的鸡尾酒。嘉莉尝过一口之后脱口而出："太妙了！"用17年的牙买加陈年朗姆酒做鸡尾酒？如果你现在这么做的话，这杯酒的价格将会是1235美元。我们了解因为这就是贝尔法斯特的商贸酒店（Belfast's Merchant Trader）用最后一瓶库存调出的这款鸡尾酒的售价。

维克可能是个表演欲很强的人，喜欢拿刀子往自己的（假）腿上猛扎以达到让人们惊愕的效果，但他也是个生意人，如果有其他选择，生意人是不会把金钱浪费在昂贵的食材上的。他选择了乌里叔侄17年，是因为这款酒非常适合，他也让这款酒在鸡尾酒中充分地展示了自己的价值。

维克和唐·毕奇（Donn Beach）就如同贝蒂·戴维斯（Bette Davis）和琼·克劳馥（Joan Crawford）之于提基。鉴于此，也难怪唐宣称迈泰是出自他手，或至少是他的QB冰酒的翻版，尽管二者所用原料有所不同。维克到底有没有试图给唐作梗，或者他是不是回想起了当年撑在佛罗里达的吧台上看康斯坦特（Constante）调酒的情形？毕竟，那位古巴大师（康斯坦特）调出的大吉利#2的延伸款，名叫金手套，与迈泰非常类似。

无论灵感来自何处，它都属于维克——以至于在20世纪60年代的鸡尾酒鼎盛时期，他一直保守着配方的秘密，当时所有的酒吧都试图模仿出最接近的版本（但失败了）。

维克的秘方在1970年不得不公布出来，当时他起诉唐·毕奇在其迈泰混饮的瓶子上宣称自己才是这款酒的创造者。这种预混配料的出现既表明了这种鸡尾酒的普遍性，也表明了它经衰落至此。值得庆幸的是，现在高品质的迈泰已经成为新提基复兴的一股力量。

鸡尾酒

调一杯可口的莫吉托

选用适合的杯子。这是一杯提神的饮品，而不是一个品脱剂量的酒。

处理薄荷叶时选取几小枝即可，不需要一大束。别想着用棒球棒把薄荷叶打到屈服；那会让鸡尾酒有股地沟水的味道。轻轻拍打就好。

捣压青柠。如果你将一个无辜的青柠猛压身亡，那地沟水就更苦了。你需要的是果汁。

使用单（糖）糖浆，除非你不介意花时间将白糖在青柠汁中溶解。

选用风味浓厚的白朗姆酒：哈瓦那俱乐部、卡纳布拉瓦、富佳娜、圣特雷莎克拉洛。如果你想使用陈年朗姆酒，那就要考虑一下它会如何影响平衡性，然后进行调整。

1茶匙2:1单糖浆（见第208页）
....
1个青柠榨出的果汁
....
2枝薄荷（注意：弄到苹果薄荷不太容易，但如果使用留兰香的话，不要捣烂它的茎部）
....
60毫升（2盎司）苏打水
....
30毫升（1盎司）白朗姆酒
....
方冰块
....
安高天娜苦精，依喜好添加
....

在一个240毫升（8盎司）的玻璃杯中，将单糖浆在青柠汁中溶解。轻轻按压一枝薄荷上的叶片。加入水。搅拌。加入朗姆酒，然后放冰，再轻轻搅拌，接着拍打第二枝薄荷，将它用来装饰。如果你喜欢古巴风格的话，再点上几滴安高天娜苦精。

莫吉托
MOJITO

1942年，安赫尔·马丁内斯（Angel Martinez）厌倦了在维拉克拉拉家庭农场的生活。他来到哈瓦那想要闯荡一番，一眼看中了位于石板大街一家不起眼的葡萄酒馆兼杂货铺（酒窖）。同年，他隔壁的印刷店来了一位新邻居。费利托·阿永（Felito Ayon）是一名出版商，混迹于古巴波西米亚先锋派的圈子，当马丁内斯开始卖克里奥尔特色的食物时，阿永的伙伴们开始来这里吃吃喝喝。越来越多的人开始造访这个位于街区中段的小酒窖（五分钱酒馆El Bodeguita del Medio），它很快就成了哈瓦那版的巴黎双叟咖啡馆（Les Deux Magots），但是这里乐趣要多得多。

一家酒吧的声誉不仅仅取决于饮品的优劣或服务的好坏。它也是由顾客所营造的氛围来构成的。在20世纪40年代，古巴到处都是一流的酒吧，充斥着观光客与名流。五分钱酒馆则与它们天差地别。它的面积很小，不起眼，但很接地气。它本身就具有先锋性与颠覆性。

他们继续采用传统配方，将青柠、薄荷、糖和朗姆酒混合，据说这曾缓解了弗朗西斯·德雷克爵士（见第13页）的病痛。一种名叫德拉盖的饮品在整个西班牙殖民地一直流行到19世纪初，不过，我很纳闷为什么一种治疗性的饮品会以一个令人恐怖的人物命名。就像是把Pepto-Bismol止泻药重命名成夜魔人（Bogeyman）。

近年来，莫吉托成为了21世纪头十年的迈泰，是千禧一代不假思索就点的饮品。我很乐意喝上一杯制作精良的莫吉托，但是前者确实不如后者常见。这款鸡尾酒通常都调制得不太出色。

鸡尾酒

配方

30毫升（1盎司）白朗姆酒（哈瓦那俱乐部3年，卡纳布拉瓦3年）
....
30毫升（1盎司）金朗姆酒
....
60毫升（2盎司）菠萝汁 或者4块菠萝
....
30毫升（1盎司）椰奶
....
少量的盐
....
碎冰
....

将所有配料和一杯碎冰在搅拌机中打匀。用柯林斯杯盛放。

如果你没有搅拌机，可以将菠萝块捣烂，然后摇荡。

菠萝和朗姆酒是绝配。在18世纪末，"菠萝朗姆酒"的价格比牙买加10年陈酿还贵。问题是，它是经过调味的？还是说"菠萝"是指一种酯类香味？

如果你手中不乏陈年朗姆酒，那可以使用下面的配方：

止痛药

120毫升（4盎司）帕萨姿火药烈性朗姆酒
....
120毫升（4盎司）菠萝汁
....
60毫升（2盎司）椰奶
....
60毫升（2盎司）橙汁
....
225克（8盎司）碎冰
....

将所有配料放入搅拌机搅拌三秒。盛入手边最近的提基酒杯中。

椰林飘香
PIÑA COLADA

鸡尾酒黑暗时代的终极劣饮，病态的甜腻、肤浅的混合，被称作"拖鞋"和"罗密欧与朱丽叶"，在酒吧被整桶地喝掉。一种迪斯科饮料、"派对"饮料。

我在古巴的巴古纳亚瓜大桥旁边的服务站停下车的时候看到那里有一间酒吧。这间酒吧只卖一种饮料：椰林飘香，用哈瓦那俱乐部白朗姆酒、新鲜椰子、新鲜菠萝和糖来调制，盛在掏空的椰子里上桌。简直妙极了。

这种大马士革式的转变发生在古巴再恰当不过了，因为这款饮料最初的名字叫"冰菠萝"：新鲜的菠萝汁浇在冰块上。这种加冰的水果饮料在19世纪初的酒馆非常流行，比如哈瓦那的银菠萝（Piña de Plata）酒馆。再加上些甘蔗烧酒，就更好喝了。过滤出汁液，你就得到了一杯椰林飘香。到1922年时，你可以在酒吧买到一杯混合了菠萝汁、朗姆酒、冰、糖和青柠汁的饮料，这种饮品就诞生于银菠萝佛罗里达酒吧。

在20世纪50年代，这款饮品中开始加入了椰子；一款椰林飘香的配方登上了1950年的《纽约时报》。但我们所熟悉的椰林飘香最早于1954年出现在波多黎各的希尔顿加勒比酒店，紧随着第一款罐装椰奶的问世——洛佩兹椰奶（Coco Lopez，也产自波多黎各）。

这不是一款复杂的饮品，如果想让它更具深度的话，可以使用金朗姆酒或者金朗姆酒与白朗姆酒的混合，然后任由双倍的椰奶去发挥。加一小撮盐，或是挤一点青柠汁也会让滋味更佳。

它仍然给人带点罪恶感的快乐，一切恰如其分。再增加一点糖，罪恶感就会放大一分，而快乐则会磨灭一分。

鸡尾酒

大总统马查多

30毫升（1盎司）哈瓦那俱乐部大师臻选

30毫升（1盎司）多林白苦艾酒

2茶匙柑桂酒

1茶匙石榴糖浆

将所有配料在一起搅拌，过滤到鸡尾酒杯中。

西恩富戈斯司令

40毫升（1½盎司）哈瓦那俱乐部大师臻选

20毫升（¾盎司）马蒂尼红威末酒

2茶匙菲诺雪莉酒

1茶匙青无花果酒

柠檬皮卷，装饰用

将所有配料在一起搅拌，过滤到碟形香槟杯。用一小片柠檬皮卷装饰。
—— 来自伦敦科尔布鲁克街69酒吧的托尼·科尼格里亚罗（Tony Conigliaro）。

大总统
EL PRESIDENTE

艾迪·沃克（Eddie Woelke）是一名纽约的调酒师，他从1913年起就在比特摩尔酒店工作。1919年，比特摩尔连锁集团的约翰·M.鲍曼买下了哈瓦那的塞维利亚酒店（将它重命名为塞维利亚-比特摩尔），艾迪就此南下。据说正是在这里，他发明了大总统鸡尾酒，以纪念古巴总统马里奥·加西亚·梅诺卡尔（Mario García Menocal）。

1924年，艾迪去了美国赛马会，后来又去了在马里亚瑙的国家大赌场Gran Nacional Casino，这期间创造出了一大批精品鸡尾酒，包括玛丽·皮克福德（见第210页）。他也改良了大总统，加入柑桂酒，向1925年新掌权的古巴总统格拉多·马查多（Gerardo Machado）致敬。

这款酒让古巴陈年朗姆酒的甜度与干度达到了美妙的平衡，而白苦艾酒（不是干型的）所具有的轻柔特性、草本气息和葡萄酒品质让这款酒更有层次并且口感持久。柑桂酒提升了风味，并与朗姆酒十分契合。这杯酒成熟老道——和马查多这个人截然相反。

我不认为这件事要怪到艾迪头上。如果马查多要求以他的名字命名一种饮品，你可能也会接受。毕竟，在他的大禁令统治时代（1925—1933年），记者会被谋杀，反对者会被喂鲨鱼，贪污与挪用侵吞公款的行为十分猖獗。他关闭了大学和高中，并向犯罪集团示好。

我认为是时候以卡米洛·西恩富戈斯（Camilo Cienfuegos）来命名一款改良的大总统了，这位极具魅力的革命家曾说过："在任何情况下，我们都不应该把自己放在和正在反抗的人相同的道德水平上。"他于1959年去世，很遗憾，人们已将他遗忘。卡米洛喜欢喝上一杯，也理应获得一份小小的敬意。当我向他的另一位崇拜者托尼·科尼格里亚罗（Tony Conigliaro）提到这些时，托尼拿出了左侧的配方。我们终于不用纠结阴魂不散的马查多了。

鸡尾酒

鸡尾酒

配方

45毫升（1½盎司）金朗姆酒

45毫升（1½盎司）牙买加陈年朗姆酒

30毫升（1盎司）雷蒙哈特151德梅拉拉

20毫升（¾盎司）鲜榨青柠汁

15毫升（½盎司）唐的混料＊（见下方）

15毫升（½盎司）法勒南甜香酒

6滴潘诺茴香酒

1茶匙石榴糖浆

1滴安高天娜苦精

¾杯碎冰

冰块

薄荷枝，装饰用

将所有配料倒入搅拌机打5秒钟。然后倒入一个高杯，加入方冰块盛满。用一小枝薄荷装饰。记住，最多喝两杯！

＊这是唐的"香料4号"。用3根肉桂棒、1杯白糖和1杯水来制作肉桂糖浆。将材料混合后加热，直至糖溶解，小火熬两分钟。将得到的溶液与两倍的白西柚汁混合。

——唐·毕奇，1934年

僵尸
THE ZOMBIE

游荡的亡灵长久以来都在困扰和刺激着人类的心灵。开始或许你会颇感意外，是诗人罗伯特·骚塞（Robert Southey）在1832年第一次写下了"僵尸"这个名字，不过想到他的好友中有玛丽·雪莱（Mary Shelley）也就不足为奇了，这是人类黑暗浪漫主义情结的一个很好的例子。直到1915—1934年美国军队占领海地期间，各种耸人听闻的故事才流传开来，这些故事常常被包装成人类学研究。这其中就包括威廉·锡布鲁克（William Seabrook）的《魔法岛》（Magic Island）一书对巫毒教的"揭露"，并将僵尸的形象固定化。自称吃过人肉的锡布鲁克又激发了1941年的一次"巫毒教"仪式，参与者通过喝牙买加朗姆酒，敲锣打鼓，把长钉钉入领袖塑像的方式来试图杀死希特勒（Hitler）。

第一部僵尸电影《白僵尸》出现于1932年，而1943年出品的《与僵尸同行》则要出色得多，该片以海地为背景，是一部改编自《简爱》的反奴隶制恐怖电影，而且片中的僵尸形象更接近海地人观念中的僵尸：一个被巫毒教巫医（男巫）控制的能活动的死尸，对巫医唯命是从。这部电影对于奴隶制的影射显而易见。换句话说，当1934年唐·毕奇（Donn Beach）为一位顾客搅拌好了一杯饮料，这位顾客立即又点了一杯，然后就酩酊大醉地出去狂欢，第二天回到唐·毕奇这里时，他感觉就像"活死人"，此刻这杯鸡尾酒该如何命名就不言自明了。

一定别搞错：这是一杯烈性饮料。唐说，每个顾客只能点两杯。毕竟，谁会希望客人喝完三杯后就顺着墙滑坐在地上呢？僵尸的难题与迈泰一样：秘方。唐从不透露原始的配料；人们只知道其中有很多种酒。

把这款酒称为"毁灭者"对唐·毕奇不太公平，他是一位调制混饮的大师。他并非随意拿起手头的酒瓶来调制，而是在配料上仔细斟酌，以创造出丰富的口感。要不是海滩顽主贝里拿到一本唐的前首席酒保迪克·桑提亚哥（Dick Santiago）的笔记，并破解了其中的配方，我们现在大概还猜不透最初的僵尸是如何调制的。

鸡尾酒

鸡尾酒

航空信（见第207页图）

60毫升（2盎司）金朗姆酒（巴巴多斯/圣卢西亚岛）

15毫升（½盎司）鲜榨青柠汁

1茶匙蜂蜜

150毫升（5盎司）极干型香槟

冰块

　　将所有配料放在冰块上摇匀，不用过滤，直接倒入柯林斯杯。最后倒入香槟。
　　——来自1949年《东道主手册》，由奈伦·杨（Naren Young）提名。

经典鸡尾酒
CLASSIC COCKTAILS

查特·贝克

　　对于这款由山姆·罗斯（Sam Ross）于2005年创作的当代经典鸡尾酒，蒂姆·菲利普斯（Tim Philips）表示这是他会在"一家不错的地下夜总会"喝上一杯的朗姆鸡尾酒，不过我从没见过这位来自澳洲的酒吧常客去过那种地方，或是一个能让他进去的那种场所，所以他的观点多少有些站不住脚。无论如何，这款鸡尾酒仍然展现出了蒂姆无可挑剔的品位。

60毫升（2盎司）巴班库5星特别珍藏朗姆酒

1茶匙潘脱米苦艾酒

1茶匙蜂蜜糖浆

2滴安高天娜苦精

方冰块

　　将所有配料混合后摇匀，过滤到装满冰块的古典杯中。

雾中小艇

30毫升（1盎司）白朗姆酒

15毫升（½盎司）金酒

15毫升（½盎司）VSOP白兰地

60毫升（2盎司）鲜榨橙汁

30毫升（1盎司）鲜榨柠檬汁

15毫升（½盎司）杏仁糖浆

15毫升（½盎司）阿蒙提拉多雪莉酒

1枝薄荷

冰块

　　将所有配料和冰放入搅拌机中搅拌，盛入一个适合的提基碗中。
　　商人维克·伯杰隆（Vic Bergeron）在1940年代创造，由蒂姆·菲利普斯（Tim Philips）提名。

鸡尾酒

鸡尾酒

马拉加托

30毫升（1盎司）哈瓦那俱乐部3年

15毫升（½盎司）干苦艾酒

15毫升（½盎司）甜苦艾酒

15毫升（½盎司）橙汁

15毫升（½盎司）青柠汁

若干滴黑樱桃力娇酒，品尝定量

冰块

将所有配料和冰混合后摇匀，过滤到冰镇过的鸡尾酒杯中。
—— 来自《萨沃伊鸡尾酒大全》，1930年

2:1单糖浆

将两份白糖和一份水用小火加热，直到白糖完全溶解。可以加入薄荷叶、柑橘皮等来给糖浆增添风味。或者，直接买一瓶树胶糖浆。

国家酒店特调（见第209图）

由威尔·泰勒（Wil Taylor）在哈瓦那的国家酒店创造。保持住朗姆酒清淡的本质，并使用新鲜菠萝。这是一杯精致爽口饮品。

45毫升（1½盎司）银朗姆酒（或哈瓦那俱乐部3年）

45毫升（1½盎司）鲜榨菠萝汁

15毫升（½盎司）鲜榨青柠汁

15毫升（½盎司）杏子白兰地

冰块

青柠或菠萝角，装饰用（依喜好添加）

将所有配料和冰混合后摇匀至充分冷却。过滤到一个小高脚鸡尾酒杯中。如果你喜欢的话，可以用青柠或菠萝装饰。

丛林鸟

45毫升（1½盎司）牙买加陈年朗姆酒

20毫升（¾盎司）金巴利苦酒

20毫升（¾盎司）青柠汁

20毫升（¾盎司）2:1单糖浆（见左侧）或树胶糖浆

45毫升（1½盎司）菠萝汁

方冰块

菠萝角，装饰用

将所有配料混合后摇匀，过滤到放有一块方冰的古典杯中。用菠萝角装饰。

最早出现于1978年吉隆坡希尔顿酒店的鸟舍酒吧。由斯图尔特·麦克拉斯基（Stuart McCluskey）提名。

鸡尾酒

海军格罗格

30毫升（1盎司）德梅拉拉朗姆酒

30毫升（1盎司）牙买加陈年朗姆酒

30毫升（1盎司）古巴白朗姆酒/波多黎各
朗姆酒

30毫升（1盎司）蜂蜜混合物＊

20毫升（¾盎司）鲜榨青柠汁

20毫升（¾盎司）白西柚汁

20毫升（¾盎司）苏打水

　　将前6种配料混合摇匀。过滤到杯子
后再倒入苏打水。

　　1941年唐·毕奇版本，由海滩顽主贝
里提名。

＊唐的蜂蜜混合物

2份苜蓿蜜

1份热水

　　搅拌至蜂蜜溶解。装瓶后冷藏。

玛丽·皮克福德（见第211图）

　　我们和伦敦调酒界的传奇人物迪克·布拉德赛尔（Dick Bradsell）
坐在佛罗里达酒吧。酒保已经摆好了架势，要调一杯大吉利。迪克说
道："请等一下。我想要一杯玛丽·皮克福德。"酒保微笑着后退了一
步，熟练地调出了这杯经典鸡尾酒。

45毫升（1½盎司）哈瓦那俱乐部3年

30毫升（1盎司）鲜榨菠萝汁

2滴黑樱桃力娇酒

1滴石榴糖浆

碎冰

1颗黑樱桃，装饰用

　　要么将所有配料和碎冰放入搅拌机中搅拌，不用过滤即可呈上，
要么将所有配料混合摇荡，过滤后呈上。用一颗黑樱桃装饰。

混血姑娘大吉利

　　一款成熟的大吉利，是我最爱的一款朗姆酒饮品。

45毫升（1½盎司）哈瓦那俱乐部7年陈酿

30毫升（1盎司）光阴似箭牌（Tempus Fugit）可可酒

15毫升（½盎司）鲜榨青柠汁

1茶匙糖

碎冰

　　将所有配料和碎冰放入搅拌机中搅拌，不用过滤即可呈上，或者
将所有配料混合摇匀，过滤后呈上。

鸡尾酒

鸡尾酒

卡尔塔苦酸滋味（见第213页图）

20毫升（¾盎司）百加得白朗姆酒
••••••••••••••••••••••••••••••••••••••
20毫升（¾盎司）百加得欧罗
••••••••••••••••••••••••••••••••••••••
20毫升（¾盎司）西柚汁
••••••••••••••••••••••••••••••••••••••
10毫升（⅓盎司）树胶糖浆
••••••••••••••••••••••••••••••••••••••
4滴苹果醋
••••••••••••••••••••••••••••••••••••••
4滴佛南布兰卡酒
••••••••••••••••••••••••••••••••••••••
碎冰
••••••••
西柚皮，装饰用
••••••••••••••••••••••••••••••••••••••
薄荷枝，装饰用
••••••••••••••••••••••••••••••••••••••

将所有配料倒入装有碎冰的高球杯，然后搅拌。用西柚皮和薄荷枝装饰。
——来自伦敦丹德里恩（Dandelyan）酒吧的伊恩·格里菲斯（Iain Griffiths）。

蔗田飘云

40毫升（1½盎司）凯珊黑桶
••••••••••••••••••••••••••••••••••••••
30毫升（1盎司）夏朗德皮诺干白
••••••••••••••••••••••••••••••••••••••
1茶匙金酒
••••••••••••••••••••••••••••••••••••••
棉花糖，装饰用
••••••••••••••••••••••••••••••••••••••

将所有配料一起搅拌，盛入品酒杯，以一颗棉花糖装饰。
——来自爱丁堡锦衣玉食之人（Bon Vivant）酒吧的斯图尔特·麦克拉斯基（Stuart McCluskey）。

当代潮流
MODERN TWISTS

秋日潘趣

30毫升（1盎司）美洲红鹭朗姆酒（如果手头没有，可以将安高天娜5年朗姆酒与浓厚的壶式蒸馏朗姆酒或陈年农业朗姆酒混合）
••••••••••••••••••••••••••••••••••••••
30毫升（1盎司）玛丽莎西洋梨力娇酒
••••••••••••••••••••••••••••••••••••••
30毫升（1盎司）柠檬汁
••••••••••••••••••••••••••••••••••••••
1茶匙圣伊丽莎白多香果酒
••••••••••••••••••••••••••••••••••••••
2茶匙杏仁糖浆
••••••••••••••••••••••••••••••••••••••
冰块
••••••••
葡萄干（最好是金色的）
••••••••••••••••••••••••••••••••••••••

将葡萄干以外的所有配料放入调酒杯并装满冰。将新制的冰放入一个高杯并用葡萄干点缀其中。将配料摇匀10秒钟，然后过滤，倒入装有新制的冰的高杯中。
——来自旧金山圣水（Elixir）酒吧的H. 约瑟夫·埃尔曼（H. Joseph Ehrmann）。

可可共和国

40毫升（1½盎司）白朗姆酒
••••••••••••••••••••••••••••••••••••••
20毫升（¾盎司）诺里帕特干威末酒
••••••••••••••••••••••••••••••••••••••
1茶匙橙味力娇酒
••••••••••••••••••••••••••••••••••••••
1茶匙白可可力娇酒
••••••••••••••••••••••••••••••••••••••
5毫升（⅙盎司）石榴糖浆
••••••••••••••••••••••••••••••••••••••
冰块
••••••••
橙皮卷，装饰用
••••••••••••••••••••••••••••••••••••••

将所有配料倒在冰上搅拌。过滤到一个精致的玻璃杯中，上桌前用橙皮卷装饰。
——来自伦敦怀特·利安（White Lyan）酒吧的罗宾·洪霍德（Robin Honhold）。

鸡尾酒

鸡尾酒

古巴迷雾

45毫升（1½盎司）哈瓦那俱乐部7年

20毫升（¾盎司）杏子白兰地

20毫升（¾盎司）轩尼诗干邑

1茶匙黑砂糖浆

2滴苦精真谛牌老时光芳香苦精

橙皮，装饰用

    搅拌所有配料，然后过滤到碟形香槟杯中，上桌前用橙皮装饰。

    ——来自阿姆斯特丹的苔丝·波斯杜姆斯（Tess Postumus）。

绿拇指（见第215页图）

60毫升（2盎司）卡纳布拉瓦3年朗姆酒

15毫升（½盎司）青柠汁

7.5毫升（¼盎司）圣日耳曼接骨木花力娇酒

7.5毫升（¼盎司）芹菜汁

7.5毫升（¼盎司）2:1单糖浆（见第208页）

⅛茶匙抹茶粉

冰块

黄瓜片，最后放

    将所有配料一起摇匀，让抹茶粉溶化，然后加入冰摇匀，细细滤入冰镇过的碟形香槟杯中。上桌前以一片黄瓜装饰。

    ——来自mixographyinc.com网站的吉姆·米汉（Jim Meehan）。

春分

22.5毫升（¾盎司）维京群岛白朗姆酒

22.5毫升（¾盎司）维京群岛金朗姆酒

15毫升（½盎司）鲜榨青柠汁

15毫升（½盎司）法勒南甜香酒

15毫升（½盎司）蜂蜜糖浆（1:1比例的蜂蜜和水）

22.5毫升（¾盎司）椰浆

冰块

切槽长条青柠皮，拧成螺旋状，装饰用

    将所有配料放入鸡尾酒摇壶中与冰块一起摇匀。然后滤入装有新制冰块的古典杯或特制杯中。用青柠皮装饰。

    ——来自新奥尔良纯度29（Latitude 29）酒吧的海滩顽主杰夫·贝里（Jeff Beachbum Berry）。

致敬浆果

50毫升（1¾盎司）调和朗姆酒（古巴、牙买加、巴巴多斯）

20毫升（¾盎司）浆果糖浆（比如蓝莓或黑莓）

30毫升（1盎司）青柠汁

1滴苦艾酒

2滴安高天娜苦精

青柠片、薄荷枝、百香果片或兰花，装饰用

    将所有配料放入摇壶。用力摇匀，然后滤入古典杯。用青柠片、薄荷枝、百香果片或兰花装饰。

    ——来自巴黎脏迪克（Dirty Dick）酒吧的斯科蒂·舒德尔（Scotty Schuder）。

215   鸡尾酒

何塞·马蒂特调

4支丁香

40毫升（1⅓盎司）哈瓦那俱乐部3年

½茶匙里卡德茴香酒

15毫升（½盎司）提欧佩佩雪莉酒

20毫升（¾盎司）青柠汁

20毫升（¾盎司）2:1单糖浆（见第208页）

冰块

....

　　将丁香放入摇壶底部捣烂。加入其余的配料，与冰一起摇匀，滤入碟形香槟杯。放入一根吸管呈上。
　　——来自2014年哈瓦那俱乐部大奖赛的获胜者安迪·劳登（Andy Loudon）。

凯图尔碎冰

60毫升（2盎司）埃尔多拉多8年或12年

22毫升（¾盎司）鲜榨青柠汁

15毫升（½盎司）A级枫糖浆

15毫升（½盎司）约翰D泰勒丝绒法勒南力娇酒

2滴安高天娜苦精

碎冰

....

薄荷枝，装饰用

....

　　将所有配料放入柯林斯杯或高球杯，然后加入碎冰至¾的容量。用调酒棒或长柄匙搅拌。用碎冰将杯子填满，以一枝薄荷装饰。
　　—— 来自旧金山走私者的海湾（Smuggler's Cove）酒吧的马丁·卡特（Martin Cate）。

拉丁区

碎冰和冰块

60毫升（2盎司）萨凯帕索莱拉23珍藏

1茶匙浓甘蔗糖浆

3滴贝乔苦精

1滴安高天娜苦精

1滴苦人牌超克力摩尔苦精

潘诺茴香苦艾酒喷洒

柠檬皮

....

　　用碎冰将古典杯冷却，将苦艾酒以外的所有配料放在冰块上搅拌。倒出古典杯中的碎冰，滴2～3次滴入苦艾酒，转动杯子让酒液覆盖。将鸡尾酒过滤到冰镇过并用苦艾酒覆盖过的杯子中，在杯口上方挤压柠檬皮。丢弃掉柠檬皮然后上桌。
　　——来自纽约流动的绸带（Pouring Ribbons）酒吧的杰奎因·西摩（Joaquín Simó）。

古巴少女

苦艾酒涮杯

方冰块

50毫升（1⅔盎司）百加得白朗姆酒

30毫升（1盎司）青柠汁

20毫升（¾盎司）2:1单糖浆（见第208页）

3片黄瓜，另留几片做装饰用

6片薄荷叶

15毫升（½盎司）苏打水

....

　　将少量苦艾酒倒入装满冰的碟形香槟杯并加入水。将除了苏打水之外的所有配料一起在摇壶中摇匀。把香槟杯中的内容倒空，然后滤入摇壶中的内容。喷洒上苏打水并用黄瓜片装饰。
　　——来自2014年百加得传奇大赛的全球冠军、英国人汤姆·沃克（Tom Walker）。

鸡尾酒

雷·巴里安托斯

50毫升（1⅔盎司）酒体中等的陈年朗姆酒
（百加得8年、萨凯帕15索莱拉、安高天娜
1919）

30毫升（1盎司）鲜榨青柠汁

15毫升（½盎司）鲜榨橙汁

2茶匙樱桃白兰地

2茶匙肉桂糖浆

2滴安高天娜芳香苦精

肉桂棒，装饰用（依喜好添加）

将所有配料一起摇匀，过滤两次倒入
碟形香槟杯。如果喜欢的话，可以用肉桂
棒装饰。
　　—— 来自雅典朗姆酒蛋糕（Baba
Au Rhum）酒吧的萨诺斯·普鲁纳鲁斯
（Thanos Prunarus）。

拉丁

45毫升（1½盎司）百加得白朗姆酒

20毫升（¾盎司）维欧尼白葡萄酒

20毫升（¾盎司）柠檬汁

2茶匙橄榄盐水

2茶匙白砂糖

1颗橄榄，装饰用

将所有配料一起摇匀，然后滤入鸡尾
酒杯。用一颗橄榄装饰。
　　—— 来自2015年百加得传奇大赛的
全球冠军、法国人弗兰克·蒂杜（Franck
Dideu）。

林巴巴大吉利

45毫升（1½盎司）美洲红鹭特立尼达朗姆酒

15毫升（½盎司）艾普顿庄园珍藏

7.5毫升（¼盎司）杏仁糖浆

7.5毫升（¼盎司）生姜糖浆

20毫升（¾盎司）青柠汁

1滴安高天娜苦精

2片青咖喱叶（不要捣压）

7克（¼盎司）桂皮

将所有配料一起摇荡，然后仔细滤入鸡尾酒杯。
　　—— 来自纽约Pouring Ribbons酒吧的杰奎因·西摩（Joaquín
Simó）。

柚子冰锐

30毫升（1盎司）百加得白朗姆酒

20毫升（¾盎司）柚子酒

2茶匙阿贝罗酒

少许李子苦精

少量柠檬酸

70毫升（2½盎司）苏打水

将前5种配料一起摇匀后过滤。加入苏打水。在酒吧是用瓶子盛
装，但你也可以用杯子。
　　—— 来自悉尼公告处（Bulletin Place）酒吧的蒂姆·菲利普斯
（Tim Philips）。

失踪的恋人

60毫升（2盎司）委内瑞拉陈年朗姆酒，或其他酒体中等的陈年朗姆酒

2茶匙佩德罗·希梅内斯雪莉酒

2滴苦橙花纯露

2滴茶壶苦精

2个橙皮挤出的油酯（参见第191页摄政王潘趣配方中"油糖剂"）

方冰块

　　将所有配料和几块干燥的大个方冰块放在加大版的古典杯中搅拌。
　　——来自雅典朗姆酒蛋糕酒吧的萨诺斯·普鲁纳鲁斯（Thanos Prunarus）。

老黄金（见第219页图）

30毫升（1盎司）萨凯帕朗姆酒

20毫升（¾盎司）卡尔里拉威士忌

1茶匙龙舌兰花蜜

1茶匙光阴似箭牌（Tempus Fugit）经典苦精

少许海盐

可可碎，装饰用（依喜好添加）

　　将所有配料一起摇匀然后过滤入古典杯。如果想要装饰的话，可以撒上可可碎。
　　——来自悉尼Bulletin Place酒吧的蒂姆·菲利普斯。

糖蜜大爆炸潘趣

　　得名于1919年波士顿的糖蜜灾难事件。一家酿酒厂的巨大钢罐炸裂开，数百万加仑的糖蜜喷涌而出，形成了8米高的巨浪，时速达到48千米。几十人被巨浪带走了生命，数百人受伤。有人说，现在炎热的天气里，仍然能闻到飘荡在空气中的一股甜蜜气味。看你怎么想了，这件事就发生在禁酒令通过的前一天。

45毫升（1½盎司）史密斯和克罗斯传统牙买加朗姆酒

20毫升（¾盎司）里奥哈葡萄酒

15毫升（½盎司）绿茶和生姜糖浆（混合2茶匙新泡的绿茶和1茶匙生姜糖浆）

20毫升（¾盎司）柠檬汁

1茶匙加仑子果冻

冰块

柠檬皮卷，装饰用

　　将所有配料放入一个罐子或鸡尾酒摇壶，和冰一起充分摇匀。然后仔细滤入古典杯。用片柠檬皮卷装饰。
　　——来自crafthousecocktails.com网站的查尔斯·乔利（Charles Joly）。

橙色大吉利

50毫升（1⅔盎司）圣詹姆斯农业白朗姆酒

30毫升（1盎司）鲜榨青柠汁

12.5毫升（⅓盎司）龙舌兰真品牌龙舌兰花蜜

3滴安高天娜香橙苦精

橙皮中挤出的橙油，装饰用

　　将所有配料一起摇匀，盛入碟形香槟杯。饰以橙皮中挤出的橙油（参见第191页摄政王潘趣配方中"油糖剂"）。
　　——来自伦敦棉花（Cotton's）酒吧的伊恩·伯勒尔（Ian Burrell）。

圣詹姆斯大门

50毫升（1⅔盎司）美雅士朗姆酒

30毫升（1盎司）柠檬汁

30毫升（1盎司）蛋白

15毫升（½盎司）2:1单糖浆（见第208页）

20毫升（¾盎司）健力士黑啤浓缩版：将50克（1⅕盎司）糖蜜加入500毫升（18盎司）健力士黑啤中，小火熬至原来一半的容量

冰块

　　先将所有配料干摇，然后再加入冰块摇匀，盛入碟形香槟杯。
　　——来自伦敦科尔布鲁克街69酒吧的托尼·科尼格里亚罗（Tony Conigliaro）。

朗姆葡萄干蛋蜜酒

45毫升（1½盎司）艾普顿庄园珍藏牙买加朗姆酒

15毫升（½盎司）佩德罗·希梅内斯雪莉酒

15毫升（½盎司）榛子力娇酒

3滴戴尔·德格罗夫牌甘椒芳香苦精

1个整鸡蛋

冰块

磨碎的肉豆蔻，最后放

　　将所有配料与冰块一起用力摇匀。过滤入高脚杯。撒上磨碎的肉豆蔻，然后上桌。
　　——来自纽约但丁酒吧的奈伦·杨（Naren Young）。

主要参考文献

Abbott, Elizabeth. *Sugar: A Bittersweet History*. London: Duckworth Publishers, 2009.

Allchin, F R. "India: The Ancient Home of Distillation?", in *Man* (Vol. 14, No. 1, Mar. 1979), pp. 55–63. London: Royal Anthropological Institute of Great Britain and Ireland, 1979.

Asbury, Herbert. *The Great Illusion: An Informal History of Prohibition*. Garden City, New York: Doubleday, 1950.

Ayala, César J. *American Sugar Kingdom: The Plantation Economy of the Spanish Caribbean, 1898–1934*. Chapel Hill, North Carolina: University of North Carolina Press, 1999.

Barty-King, Hugh, and Massel, Anton. *Rum: Yesterday and Today*. London: William Heinemann Ltd, 1983.

Belgrove, William. *A Treatise Upon Husbandry or Planting*. Boston: D. Fowle, 1755.

Berry, Jeff. *Beachbum Berry's Potions of the Caribbean*. New York: Cocktail Kingdom, 2014.

British Guiana Administration Reports. Georgetown, Demerara: The Argosy Co., 1905.

Brown, Jared, and Miller, Anistatia. *Cuban Cocktails*. London: Mixellany Ltd, 2012.

Brown, Jared, and Miller, Anistatia. *Spiritous Journey: A History of Drink, Books 1 and 2*, London: Mixellany Ltd, 2009.

Bolingbroke, Henry. *A Voyage to the Demerary*. London: Richard Phillips, 1807.

Bonera, Miguel. *Oro Blanco Tomo 1*. Toronto: Lugus Libros, 2000.

Bose, Dhirendra Krishna. *Wine in Ancient India*. Calcutta: K. M. Connor & Co, 1922.

Brown, John Hull. *Early American Beverages*. Rutland, Vermont: C E Tuttle Company, 1966.

Bruno, Sergio Nicolau Freire. "Distillation of Brazilian Sugar Cane Spirits (Cachaças)" in *Distillation: Advances from Modeling to Applications*, Dr Sina Zereshki (Ed.), ISBN: 978-953-51-0428-5, InTech. Available from: www.intechopen.com.

Camard-Hayot, Florette and Laguarigue, Jean-Luc de. *Martinique Terre de Rhum*. Bordeaux: Traces H.S.E., 1997.

Campoamor, Fernando G. *Hemingway's Floridita*. Toulouse: Editions Bahia Presse.

Cooper, Ambrose. *The Complete Distiller*. London, 1757.

Coulombe, Charles A. *Rum: The Epic Story of the Drink That Conquered the World*. New York: Citadel Press, 2004.

Curtis, Wayne. *And a Bottle of Rum: A History of the New World in Ten Cocktails*. New York: Three Rivers Press, 2007.

Daniels C, Needham J, and Menzies, Nicholas K (eds). *Science and Civilisation in China*, Volume 6. Cambridge, UK: Cambridge University Press, 1996.

Eaden, J. *The Memoirs of Père Labat 1693–1705*. London: Frank Cass & Co. Ltd., 1970.

Edwards, Bryan. *The History, Civil and Commercial, of the British West Indies: Vol. 2*. London: John Stockdale, 1819.

Fawcett, William. *Bulletin of the Botanical Department, Vol III*. Jamaica: Kingston Botanical Department: 1896.

Forbes, R J. *A Short History of the Art of Distillation from the Beginnings up to the Death of Cellier Blumenthal*. Leiden, Netherlands: E. J. Brill, 1970.

Foss, Richard. *Rum: A Global History*. London: Reaktion Books Ltd., 2012.

García Pepín, Anabel. *Rum in Puerto Rico: Tradition and Culture*. San Juan: Rones de Puerto Rico, Compañía de Fomento Industrial, 2002.

Haigh, Ted. *Vintage Spirits and Forgotten Cocktails*. Beverly, MA: Quarry Books, 2009.

Hearn, Lafcadio. *Two Years in the French West Indies*. Teddington, Middlesex, UK: Echo Library. 2006.

Hoarau, Michel. *Rhum (Le) de île de La Réunion*. Réunion: private press, 2001.

Huetz de Lemps, A. *Histoire du Rhum*. Paris: Editions Desjonquères, 1997.

Hui, Y H, Evranuz, E (eds). *Handbook of Plant-Based Fermented Food and Beverage Technology*. Oxford, UK: CRC Press Abingdon, date unknown.

Kieschnick, John. *The Impact of Buddhism on Chinese Material Culture*. Princeton, New Jersey: Princeton University Press, 2003.

Knight, Franklin W. *The Caribbean*. New York: Oxford University Press, 1990.

Kobler, John. *Ardent Spirits: The Rise and Fall of Prohibition*. New York: Da Capo Press Inc., 1993.

Lam, Rafael, and Bowler, Tim. *The Bodeguita del Medio*. Havana: Editorial José Marti, 1999.

Ligon, Richard. *A True and Exact History of the Island of Barbados*. Bath, UK: Bookcraft, 1998.

Martin, Samuel. *An Essay upon Plantership*. Antigua: Samuel Jones, 1756.

Mintz, Sidney W. *Sweetness and Power: The Place of Sugar in Modern History*. London: Penguin Books, 1986.

Morewood, Samuel. *Philosophical and Statistical History of the Inventions and Customs of Ancient and Modern Nations in the Manufacture and Use of Inebriating Liquors*. Dublin: William Curry, Jnr, and Company, 1838.

Niazi, Ghulam Sarwar Khan, Dr. *The Life and Works of Sultan Alauddin Khalji*. New Delhi, India: Atlantic Publishers, 1992.

O'Connell, Sanjida. *Sugar: The Grass that Changed the World*. London: Virgin Books, 2004.

Ortiz, Fernando. *Cuban Counterpoint: Tobacco and Sugar*. Durham, North Carolina: Duke University Press, 1995.

Parker, Matthew. *The Sugar Barons: Family, Corruption, Empire and War*. London: Random House, 2011.

Pack, James, Captain. *Nelson's Blood: The Story of Naval Rum*. Stroud, Gloucestershire, UK: Allan Sutton Publishing Ltd., 1995.

Pérez Jr, Louis A. *On Becoming Cuban: Identity, Nationality, and Culture*. Chapel Hill, North Carolina: University of North Carolina Press, 1999.

Report on the Experimental Work. Kingston, Jamaica: Sugar Experiment Station, 1906.

Roberts, Justin. *Slavery and the Enlightenment in the British Atlantic, 1750–1807*. Cambridge, UK: Cambridge University Press, 2013.

Shamasastry, R. *Kautilya's Arthashastra Translated into English*. Bangalore: 1915.

Sheridan, Richard B. *Sugar and Slavery: An Economic History of the British West Indies, 1623–1775*. Barbados, Jamaica: University of the West Indies, Canoe Press, 2007.

Smith, Frederick H. *Caribbean Rum: A Social and Economic History*. Gainesville, Florida: University Press of Florida, 2008.

Sublette, Ned. *Cuba and Its Music: From the First Drums to the Mambo*. Chicago: Chicago Review Press, 2004.

Taussig, Charles William. *Rum Romance and Rebellion*. London: Jarrolds, date unknown.

Thompson, Peter. *Rum Punch and Revolution*. Philadelphia: University of Pennsylvania Press, 1999.

Verhoog, Jeroen. *Walking on Gold*. Amsterdam: E&A Sheer, 2013.

Weeden, William. *Economic and Social History of New England, 1620–1789*. Cambridge, Massachusetts: Houghton, Mifflin, 1890.

Williams, Ian. *Rum: a Social and Sociable History*. New York: Nation Books, 2005.

Wondrich, David, *Punch: The Delights (and Dangers) of the Flowing Bowl*. New York: Penguin Group, 2010.

Wray, Leonard. *The Practical Sugar Planter*. London: Smith, Elder & Co., 1848.

Y-Worth, W. *The Compleat Distiller*. London: J Taylor, 1705.

索引

致谢

图片出处说明

The publishers would like to thank all the rum makers, distributors and agents who have kindly provided images for use in this book.

Special photography for Octopus Publishing: **Cristian Barnett**

Additional credits are as follows.

Alamy Stock Photo Didier Forray/ Sagaphoto.com 33; age fotostock 48; Everett Collection 13; Falkenstein/ Bildagentur-online Historical Collect 24; Florilegius 11; GL Archive 12; Guy Harrop 55; Pulsar Images 51. Courtesy

Angostura 46.

Bridgeman Images Pictures from History 31; The Stapleton Collection 21.

© **Decca** Records, 1945 34.

Courtesy **The Duppy Share** 2, 8, 9, 38, 44.

Getty Images Adalberto Roque/AFP 41; Franck Guiziou 39; Jim Heimann Collection 35; Jonathan Blair 42; MPI 18; Nelson Almeida/AFP 52; Spencer Arnold 27; Steve Russell/Toronto Star 57; Universal History Archive/UIG 19.

Courtesy **Haus Alpenz** 53.

istockphoto.com nengredeye 40.

Courtesy Gayle Seale/**R L Seal** 45.

Scotchwhisky.com 7.

SuperStock Hemis 49.

TopFoto 14; EUFD 16, 26; The Granger Collection 23; The Print Collector/HIP 30; World History Archive 10.

Via **vintageadbrowser.com** 29.

© **The Whisky Exchange** 1999-2016 All Rights Reserved 71, 74, 140, 149, 155, 156, 164, 170, 184, 186.

To Carsten Vlierboom, who has calmly taught me more about rum blending than anyone. Richard Seale, for his endless patience, opinions, and technical input. Luca Gargano, with whom it is always a treat to share a stage. Ian Burrell for his boundless passion in the cause of rum – I only went to bed for one hour! Jeff "Beachbum" Berry and Annene, for all the tiki info, Asbel Morales for opening up the world of Cuban rum, and François Renie for doing the same with Cuban music. Bruce Perry and John Barrett: old rum hands always supportive; also to Ryan Cheti, Laurent Broc, Lorena Vasquez, Rebecca Quiñonez, Christelle Harris, Alexandre Gabriel, Meimi Sanchez, Nick Blacknell, Chris Middleton, Alejandro Bolivar, Shervene Shahbazkhani, the Burrs; Keir, Arthur, and The Deacon [RIP] for allowing me to preach in Da Rum Chapel; Stef, who still has molasses in her heart; Steve Hoyles and Tony Hart for showing me the way.

To all those who helped with samples and info: Gabrielle D'Alessandro, Lauren Bajdala Brown, Sonia Bastian, Florent Beuchet, Daniele Biondi, Carl Blackwell, Edward M. Butler, Agatha Chapman-Poole, Oliver Chilton, Ashok Chokalingam, Gabrielle Cole, Emma Currin, Claire Desnoyer, George Frost, Simon Ford, Tom Gamborg, Jenny Gardener, Jessica Gibbons, Nick Gillett, Charlie Graham, the great Jim Grierson, Chris Hysted, Marissa Johnston, Pavol Kazimir, Alexander Kong, Nathalie de Labrouhe, Nicolas Legendre, Duncan Littler, Catherine McDonald, Gregory Neisson, Su-Lin Ong, Bailey Pryor, Fabio Rossi, Chris Seale, Jess Swinfen, Luke Tegner, Cynthia Thomas, Peter Thornton, Guy Topping, Tarja Tuunanen, Abbigale Wallis, Dan Warner, Larry and Simon Warren, Sarah Watson, John West, Emily Wheldon, Lexi Winsley, and to Raj, Dawn, and Jacqui at TWE, for sourcing some obscure rums and prompt delivery. Keshav, for the McDowell's, and JD, for breaking with his jet-set lifestyle and buying some Tanduay in a Manila supermarket.

To all the bartenders: Martin Cate, Tony Conigliaro, H Joseph Ehrmann, Iain Griffiths, Robin Honhold, Charles Joly, Andy Loudon, Stu McCluskey, Jim Meehan, Tim Philips, Tess Postumus, Thanos Prunarus, Scotty Schuder, Joaquín Simó, Tom Walker, Naren Young, and thanks to all who, over the past decade, have taken the time to ask when the next rum book was coming out. Hope you like this one.

My fellow bloggers and scribes: Wayne Curtis, Simon Difford, Martine Nouet, Stashe and Jared, Chris Middleton, John Gibbons, Ian Williams, David Wondrich, and those who lurk behind the following great blogs: thelonecaner.com, rumdood.com, thefatrumpirate.com, thefloatingrumshack.com, www.cachacagora.com, robsrumguide.com, www.bostonapothecary.com.

To Denise, Leanne, Juliette, Giulia, Jamie, Geoff, Liz, and all at Octopus: it has been like swimming through molasses at times, so thanks for your belief, guidance, remarkable patience, and, again, fantastic work and dedication; and to my agent Tom Williams for wise words of reason.

To my wonderful wife, Jo, who stayed preternaturally calm when dealing with myriad sample requests and seemingly tedious but actually incredibly important bits of micro-managing that go into making my life easier. And finally, to my daughter, Rosie, who can now add Ace Daiquiri Wrangler to her increasingly impressive credentials. I love you both.